细集料含泥量与含粉量的试验研究

韦汉运　编著

同济大学出版社
TONGJI UNIVERSITY PRESS

内 容 提 要

本书主要针对现行国家标准《建设用砂》(GB/T 14684—2011)、住房和城乡建设部行业标准《普通混凝土用砂、石质量及检验方法标准》(JGJ 52—2006)、交通运输部行业标准《公路工程集料试验规程》(JTG E42—2005)中与细集料含泥量、含粉量试验有关的筛洗法、虹吸管法、砂当量法、亚甲蓝法，通过严谨的文字论述以及大量的试验结果，指出现行各种试验方法均不能准确测定细集料的含泥量及含粉量，提出采用亚甲蓝滴定法测定细集料的含泥量、采用水洗法测定细集料的含粉量。采用本书方法测定的细集料含泥量及含粉量，可以指导土木工程的施工，以更好地控制土木工程的质量。

本书既可以作为土木工程试验检测人员实际操作的技术性工具书，也可以供高等院校及科研单位相关人员学习参考。

图书在版编目(CIP)数据

细集料含泥量与含粉量的试验研究 / 韦汉运编著.
-- 上海：同济大学出版社，2014.7
　　ISBN 978-7-5608-5538-7

　　Ⅰ.①细… Ⅱ.①韦… Ⅲ.①砂—建筑材料—试验研究 Ⅳ.①TU521.1

　　中国版本图书馆 CIP 数据核字(2014)第 121690 号

细集料含泥量与含粉量的试验研究

韦汉运　编著

责任编辑　高晓辉　　**责任校对**　徐春莲　　**封面设计**　陈益平

出版发行	同济大学出版社　　www.tongjipress.com.cn
	(地址：上海市四平路 1239 号 邮编：200092 电话：021-65985622)
经　销	全国各地新华书店
印　刷	同济大学印刷厂
开　本	787 mm×1092 mm　1/16
印　张	11.25
字　数	280 000
版　次	2014 年 7 月第 1 版　　2014 年 7 月第 1 次印刷
书　号	ISBN 978-7-5608-5538-7

定　价　48.00 元

前　言

　　细集料的各个技术指标中,含泥量是最重要的一个指标,而筛洗法是国家标准及各行业标准测定细集料含泥量最普遍的试验方法,1991 年 7 月自编者从事公路工程试验检测工作至今,所有项目均采用筛洗法测定天然砂的含泥量。

　　虹吸管法是住房和城乡建设部行业标准特有的测定粗砂、中砂、细砂和特细砂含泥量的试验方法,因而没有几个公路工程试验检测工作者认知虹吸管法,直至 2013 年初因本书的需要,编者才知道虹吸管法这一试验,并于 2013 年国庆期间第一次进行了虹吸管法的相关试验。

　　砂当量法是交通运输部行业标准特有的测定细集料含泥量的试验方法,虽然《公路工程集料试验规程》(JTJ 058—2000)已增补此试验方法,但是,至今唯有《公路沥青路面施工技术规范》(JTG F40—2004)规定了细集料砂当量的技术要求,由于 2005 年至今没有监管过公路沥青路面工程,故直至 2013 年国庆期间因本书的需要,编者第一次进行了砂当量法的相关试验。

　　亚甲蓝法的试验目的与适用范围,现行国家标准及各行业标准各版本亚甲蓝法各有不同的说法,工程实际应用中,主要通过亚甲蓝法测定的亚甲蓝值确定水泥混凝土人工砂含粉量的界限。

　　广西盛产优质天然河砂,一直以来使用天然河砂于水泥混凝土工程,2011 年 5 月一个BOT 项目总承包商为节省工程成本,广西才开始广泛使用人工砂于水泥混凝土工程,故直至 2011 年 5 月因工程的需要,编者第一次进行了亚甲蓝法的相关试验。

　　本书首先比较现行国家标准及各行业标准各版本筛洗法、虹吸管、砂当量法、亚甲蓝法各条款中的不同之处,并指出其中存在错误的内容,然后通过试验结果,分析试验方法不能准确测定细集料含泥量或含粉量的原因。

　　试验表明,由于筛洗法与虹吸管法测定的含泥量均包含一部分小于 0.075 mm 的细砂粒,因而实际测定的含泥量,既非严格意义上的含泥量,亦非严格意义上的含粉量;由于砂当量测定值不仅取决于含土量,细集料中的石粉也会影响砂当量的大小,因而砂当量法不能准确测定细集料的含泥量;由于不同土质及不同石质测定的亚甲蓝值有着天壤之别,因而亚甲蓝法无法确定细集料的含泥量。

虽然现行各种试验方法均不能准确测定细集料的含泥量及含粉量,但是,编者在试验过程中,发现亚甲蓝法各个样品吸附的亚甲蓝溶液量随着含泥量的增大而增加,而且很有规律性,说明细集料吸附的亚甲蓝溶液量与其含泥量存在某种关系。

因此,如果首先通过细集料不同含泥量与其相应吸附的亚甲蓝溶液量建立一条关系式,然后通过实际测定的亚甲蓝溶液数量及已建立的关系式,即可准确测定细集料的含泥量。

本书最大的特点是原创性与创新性,文字论述力求严谨。本书介绍的测定方法不但可以指导土木工程的施工,从而更好地控制土木工程的质量,而且可以举一反三应用于其他相关试验中。故本书既可以作为土木工程试验检测人员实际操作的技术性工具书,也可以供高等院校及科研单位相关人员学习参考。

本书为编者独立创作,在编写过程中参考了有关规范、规程、标准等资料,并得到了很多朋友的大力帮助,在此谨向他们表示衷心的感谢。由于时间仓促、水平有限,书中难免有错漏之处,恳请专家及读者批评指正。

编者
2014-05

目　录

与细集料有关的若干问题

1.1 天然砂与人工砂的分类

细集料在各种水泥混凝土及各种路面结构层混合料中占有很大的比例,按其产状可分为天然砂和人工砂,天然砂包括河砂、湖砂、山砂、沉淀砂、风积砂和海砂等,人工砂包括机制砂、混合砂。

国家标准《建设用砂》(GB/T 14684—2011)(以下简称"2011 年版《建设用砂》")及住房和城乡建设部(以下简称"建设部")行业标准《普通混凝土用砂、石质量及检验方法标准》(JGJ 52—2006)(以下简称"2006 年版《砂石标准》")统称天然砂、人工砂、混合砂为"砂",交通运输部(以下简称"交通部")行业标准《公路工程集料试验规程》(JTG E42—2005)(以下简称"2005 年版《集料试验规程》")统称天然砂、人工砂、混合砂为"细集料",为叙述方便,本书统称天然砂、人工砂、混合砂为"细集料"。

现行国家标准及各行业标准对天然砂、人工砂、混合砂的定义各不相同,但核心内容基本相同:天然砂是"由自然形成的粒径小于 4.75 mm 的岩石颗粒",人工砂是"经除土处理、机械破碎、筛分而成的粒径小于 4.75 mm 的岩石颗粒",混合砂是"由天然砂与人工砂按一定比例组合而成的砂"。

近年来,随着工程建设的快速发展,可开采的天然砂资源越来越少,正是"由于天然砂资源日益减少,混凝土用砂的供需矛盾日益突出。为了解决天然砂供不应求的问题,从 20 世纪 70 年代起,贵州省首先在建筑工程上广泛使用人工砂,近十几年来我国相继在十几个省市使用人工砂,并制定了各地区的人工砂标准及规定。"[1]

因此,应用人工砂代替天然砂势在必行,"××高速公路受地形限制,沿线构筑物较多,桥隧比例较大,需要大量的中粗砂,而沿线只有少量的河砂,难以满足工程所需,为解决工程建设与原材料的矛盾,特制定本施工技术指南,旨在充分利用当地盛产的石灰岩制备人工砂,以满足工程建设的需要。"[2]

---

[1] 摘自 2006 年版《砂石标准》的"条文说明"第 2.1.2 条。
[2] 摘自广西某工程项目 224 号文件"关于印发《机制砂在××高速公路路面混凝土中的应用技术指南》的通知"。

1.2　石粉与土的特性

　　然而，与天然砂相比，"人工砂颗粒形状棱角多，表面粗糙不光滑，粉末含量较大"[1]，而且，"采矿时山上土层没有清除干净或有土的夹层会在人工砂中夹有泥土"[2]。

　　因此，"机制砂筛分后的含泥量与石粉含量是混在 75 μm 细颗粒总量中的，难于区分，这一直是公路界在原材料质量控制方面很困惑的难题。显然，石粉不能与细粒土等同对待，石粉的化学活性与表面物理特性比土强得多。在我国 II 型硅酸盐水泥中，允许掺入 5% 以下的生石灰岩石粉。试验表明，即使将生石灰岩石粉掺入混凝土内，同样具有一定化学反应活性。"[3]

　　众所周知，"细集料中的泥土杂物对细集料的使用性能有很大的影响，尤其是对沥青混合料，当水分进入混合料内部时遇水即会软化"[4]，而对水泥混凝土而言，含泥量对水泥混凝土工作性能、强度、耐久性有着十分重要的影响，随着含泥量的增加，泥不但吸附更多的外加剂及水，使新拌混凝土工作性能变差，而且泥包裹着集料，阻碍集料与水泥浆之间的粘结力，从而降低混凝土的强度、影响混凝土的耐久性。

1.3　含泥量与含粉量的区别

　　"其实，不管天然砂、石屑、机制砂，各种细集料中小于 0.075 mm 的部分不一定是土，大部分可能是石粉或超细砂粒。"[5]

　　因此，若要研究细集料含泥量与含粉量的有关问题，必须弄清楚细集料"含泥量"与"含粉量"这两个技术指标确切的定义以及两者之间的大小关系。

　　然而，综观现行国家标准及各行业标准，除国家标准及建设部行业标准对天然砂的含泥量有确切的定义外，没有一个标准对人工砂的含泥量进行确切的定义。

　　难道人工砂不含泥？事实并非如此。"采矿时山上土层没有清理干净或有土的夹层会在人工砂中夹有泥土"[6]，即使《公路沥青路面施工技术规范》(JTG F40—2004)(以下简称"2004 年版《沥青路面技术规范》")第 4.8.4 条要求"采石场在生产过程中必须彻底清除覆盖层及泥土夹层。生产碎石用的原石不得含有土块、杂物，集料成品不得堆放在泥土地上"，即使 2004 年版《沥青路面技术规范》第 4.9.5 条要求"机制砂宜采用专用的制砂机制造，并选用优质石料生产"，即使国家标准及各行业标准要求人工砂须经除土处理，但是，据

---

①　摘自 2006 年版《砂石标准》第 92 页第 2.1.2 条的"条文说明"。

②　摘自 2006 年版《砂石标准》第 96 页第 3.1.5 条的"条文说明"。

③　摘自交通部行业标准《公路水泥混凝土路面施工技术细则》(JTG/T F30—2014)实施手册第 30 页；为叙述方便，《公路水泥混凝土路面施工技术细则》(JTG/T F30—2014)以下简称"2014 年版《混凝土路面技术细则》"。

④　摘自 2005 年版《集料试验规程》第 103 页的"条文说明"。

⑤　摘自 2005 年版《集料试验规程》"细集料砂当量试验"第 103 页的"条文说明"。

⑥　摘自 2006 年版《砂石标准》第 96 页第 3.1.5 条的"条文说明"。

了解,工程实际应用中,采用岩石生产的人工砂至少有以下4种来源或生产方式。

(1)采石场生产碎石时的下脚料。采石场生产碎石时的下脚料,即2005年版《集料试验规程》第2.1条"术语"第2.1.7条所谓的"石屑",虽然2004年版《沥青路面技术规范》第4.9.4条要求"石屑是采石场破碎石料时通过4.75 mm或2.36 mm的筛下部分……采石场在生产石屑的过程中应具备抽吸设备",但是,大多数采石场没有配备抽吸设备,有的采石场即使配备了抽吸设备,但也只是一个摆设,因此,"石屑中粉尘含量很多,强度很低,扁片含量及碎土比例很大"[1]。

(2)采石场利用5~31.5 mm或其他规格碎石加工破碎成9.5 mm以下的颗粒。因此,这种人工砂的含粉量较大,由于是用碎石加工而成,故其中的含泥量比较少。

(3)采石场利用5~31.5 mm或其他规格碎石加工破碎并经过除尘处理后得到9.5 mm以下的颗粒。但是,由于除尘时尘土飞扬,故这种人工砂一般只用于含粉量要求较高的混凝土,而且即使经过除尘处理,也只能处理3%~5%的含粉量,因此,这种人工砂的含粉量相对较少,由于是用碎石加工而成,故其中的含泥量比较少。

(4)采用5~31.5 mm碎石或其他规格碎石加工破碎并经过水洗处理后得到9.5 mm以下的颗粒。但是,由于水洗处理成本大、单价高,这种人工砂一般只用于高标号混凝土,因此,这种人工砂的含粉量最少,由于是用碎石加工并经过水洗处理,故其中的含泥量也最少。

因此,无论采用何种生产方式,人工砂中或多或少含有尘屑、黏土或其他杂质。既然人工砂中含有一定量的"泥",人工砂的含泥量也应该有确切的定义。

2011年版《建设用砂》第3.4条"石粉含量"的定义为"机制砂中粒径小于75 μm的颗粒含量",但没有天然砂"石粉含量"的定义,如果根据2011年版《建设用砂》第3.4条"石粉含量"的定义,细集料(包括天然砂及人工砂,下同)中粒径小于75 μm的全部颗粒含量为细集料的石粉含量,即细集料的石粉含量等于细集料0.075 mm筛的通过率。

2011年版《建设用砂》第3.3条"含泥量"的定义为"天然砂中粒径小于75 μm的颗粒含量",但没有人工砂"含泥量"的定义,如果根据2011年版《建设用砂》第3.3条"含泥量"的定义,细集料中粒径小于75 μm的全部颗粒含量为细集料的含泥量,即细集料的含泥量等于细集料0.075 mm筛的通过率。

根据上面的分析可以推断,2011年版《建设用砂》细集料的含泥量与石粉含量完全一致,即2011年版《建设用砂》细集料的含泥量等于细集料的石粉含量。

2006年版《砂石标准》第2.1.9条"石粉含量"的定义为"人工砂中公称粒径小于80 μm,且其矿物组成和化学成分与被加工母岩石相同的颗粒含量"[2],但没有天然砂"石粉含量"的定义,如果根据2006年版《砂石标准》第2.1.9条"石粉含量"的定义,细集料中公称粒径小于80 μm且其矿物组成和化学成分与被加工母岩石相同的颗粒含量为细集料的石粉含量,即细集料的石粉含量小于细集料80 μm筛的通过率。

2006年版《砂石标准》第2.1.6条"含泥量"的定义为"砂、石中公称粒径小于80 μm颗

---

[1] 摘自2004年版《沥青路面技术规范》第123页第4.9.1条的"条文说明"。

[2] 2006年版《砂石标准》第2.1.9条"石粉含量"的定义,显然与2006年版《砂石标准》第95页第3.1.5条"石粉是指人工砂及混合砂中的小于75 μm以下的颗粒"的"条文说明"相互矛盾。

粒的含量",但没有明确是天然砂或是人工砂,如果根据2006年版《砂石标准》第2.1.6条"含泥量"的定义,细集料中粒径小于80 μm的全部颗粒含量为细集料的含泥量,即细集料的含泥量等于细集料80 μm筛的通过率。

根据上面的分析可以推断,2006年版《砂石标准》细集料的含泥量与石粉含量完全不一致,即2006年版《砂石标准》细集料的含泥量大于细集料的石粉含量。

交通部行业标准《公路工程 水泥混凝土用机制砂》(JT/T 819—2011)(以下简称"2011年版《公路混凝土用机制砂》")第3.2条"石粉"的定义为"机制砂中粒径小于0.075 mm的颗粒"[①],但没有天然砂"石粉含量"的定义,如果根据2011年版《公路混凝土用机制砂》第3.2条"石粉"的定义,细集料中粒径小于0.075 mm的全部颗粒含量为细集料的石粉含量,即细集料的石粉含量等于细集料0.075 mm筛的通过率。

交通部行业标准各版本试验规程、技术规范、质量标准均没有对天然砂、人工砂的含泥量进行确切的定义,如果根据2005年版《集料试验规程》T0333—2000"细集料含泥量试验(筛洗法)"第1.1条"本方法仅用于测定天然砂中粒径小于0.075 mm的尘屑、淤泥和黏土的含量",交通部行业标准细集料"含泥量"确切的定义应为"细集料中粒径小于0.075 mm的尘屑、淤泥和黏土的含量",即细集料的含泥量小于细集料0.075 mm筛的通过率。

根据上面的分析可以推断,交通部行业标准细集料的含泥量与石粉含量完全不一致,即交通部行业标准细集料的含泥量小于细集料的石粉含量。

综上所述,现行国家标准、各行业标准对细集料的"含泥量"与"石粉含量"的定义各不相同,两者之间的大小关系也因为定义的不同而各不相同:2011年版《建设用砂》细集料的含泥量等于细集料的石粉含量,2006年版《砂石标准》细集料的含泥量大于细集料的石粉含量,交通部行业标准细集料的含泥量小于细集料的石粉含量。

为易于识别并符合工程实际,本书以下正文把"细集料中粒径小于0.075 mm的尘屑、淤泥和黏土的含量"称为细集料的"含泥量",把"细集料中粒径小于0.075 mm且其矿物组成和化学成分与被加工母岩石相同的颗粒含量"称为细集料的"石粉含量",把"细集料中小于0.075 mm全部颗粒的含量"称为细集料的"含粉量"或"粉量",即含泥量+石粉含量=含粉量。

1.4 含泥量与含粉量的测定

"现行2011年版《建设用砂》已经提出了用于区分石粉和土的亚甲蓝试验方法"[②],而"评价细集料中的细粉含量(包括含泥量和石粉),除了T0333的方法外,国外通常采用砂当量试验及亚甲蓝试验"[③]。

因此,"对这些材料的洁净程度在《公路沥青路面施工技术规范》(JTG F40—2004)中是

---

① 2011年版《公路混凝土用机制砂》第3.2条"石粉"的定义,与交通部行业标准《公路桥涵施工技术规范》(JTG F50—2011,以下简称"2011年版《桥涵技术规范》")表6.3.1"细集料技术指标"中的"注3:石粉含量系指粒径小于0.075 mm的颗粒含量"异曲同工。

② 摘自2014年版《混凝土路面技术细则》实施手册第30页。

③ 摘自2005年版《集料试验规程》T0349—2005"细集料亚甲蓝试验"第122页的"条文说明"。

这样规定的,细集料的洁净程度,天然砂以小于 0.075 mm 含量的百分数表示,石屑和机制砂以砂当量或亚甲蓝值表示。"①

综观现行国家标准及各行业标准,细集料含泥量的测定有以下几种方法:2011 年版《建设用砂》7.4"含泥量"试验(以下简称"2011 年版《建设用砂》7.4 试验"),2006 年版《砂石标准》6.8"砂中含泥量试验(标准法)"(以下简称"2006 年版《砂石标准》6.8 试验")及 6.9"砂中含泥量试验(虹吸管法)"(以下简称"2006 年版《砂石标准》6.9 试验"),2005 年版《集料试验规程》T0333—2000"细集料含泥量试验(筛洗法)"、T0334—2005"细集料砂当量试验"(以下分别简称"2005 年版《集料试验规程》T0333 试验、T0334 试验")以及交通部行业标准《公路水泥混凝土路面施工技术规范》(JTG F30—2003)②"附录 B 亚甲蓝 MB 值测定方法"中的 B.2"含泥量测定"(以下简称"2003 年版《水泥路面技术规范》附录 B 试验"),其中虹吸管法是建设部行业标准特有的测定"砂中的含泥量,尤其适用于测定特细砂中的含泥量"③的试验方法、砂当量法是交通部行业标准特有的测定"各种细集料中所含的粘性土或杂质的含量"④的试验方法。

综观现行国家标准及各行业标准,细集料含粉量的测定有以下几种方法:2011 年版《建设用砂》7.5"石粉含量与 MB 值"试验(以下简称"2011 年版《建设用砂》7.5 试验"),2006 年版《砂石标准》6.11"人工砂及混合砂中石粉含量试验(亚甲蓝法)"(以下简称"2006 年版《砂石标准》6.11 试验"),2005 年版《集料试验规程》T0349—2005"细集料亚甲蓝试验"(以下简称"2005 年版《集料试验规程》T0349 试验")及 2003 年版《水泥路面技术规范》附录 B 中的 B.3"石粉含量测定"(以下简称"2003 年版《水泥路面技术规范》附录 B 试验")。

为叙述方便,2011 年版《建设用砂》7.4 试验、2006 年版《砂石标准》6.8 试验、2005 年版《集料试验规程》T0333 试验、2003 年版《水泥路面技术规范》附录 B 中的 B.2"含泥量测定"也统称为"筛洗法",2011 年版《建设用砂》7.5 试验、2006 年版《砂石标准》6.11 试验、2005 年版《集料试验规程》T0349 试验、2003 年版《水泥路面技术规范》附录 B 中的 B.3"石粉含量测定"也统称为"亚甲蓝法",2006 年版《砂石标准》6.9 试验也简称为"虹吸管法",2005 年版《集料试验规程》T0334 试验也简称"砂当量法"。

---

① 摘自 2005 年版《集料试验规程》T0333—2000"细集料含泥量试验"第 98 页的"条文说明"。

② 交通部行业标准《公路水泥混凝土路面施工技术细则》(JTG/T F30—2014)已于 2014 年 4 月 1 日取代《公路水泥混凝土路面施工技术规范》(JTG F30—2003),而且删去了与 2003 年版《水泥路面技术规范》附录 B 试验相关的内容;由于 2003 年版《水泥路面技术规范》附录 B 试验与其他标准细集料含泥量及含粉量的试验方法实为异曲同工,故并不影响本书的引用。

③ 摘自 2006 年版《砂石标准》第 103 页的"条文说明"第 6.9 条。

④ 摘自 2005 年版《集料试验规程》T0334 试验第 1.1 条。

试 样 的 处 理

无论是筛洗法还是虹吸管法、亦或是砂当量法、亚甲蓝法,最初编制的目的应该是判定细集料中是否存在土并确定其含量,而现行各种方法测定细集料含泥量、含粉量的大小,除了与细集料本身含泥量及含粉量的大小有着直接的关系,也与细集料各粒级的颗粒组成有着直接的关系。

为使试验更具可比性,以便比较上述各方法测定的试验结果哪个更加准确,本书采用标准含泥量的样品进行试验,为使样品更具代表性,以便试样更符合工程实际,本书采用同一来源、同一批次、比较接近工程实际级配的同一细集料以及同一来源、同一批次、不同含泥量的标准样品进行试验。

2.1 标准细集料的制备

本书采用的细集料均取自同一来源、同一批次的人工砂、天然河砂:广西甲高速公路六-2 分部弄猴隧道石场疑似碳质泥岩加工的黑色石灰岩人工砂(以下简称"弄猴石场人工砂")、广西甲高速公路三分部石场石灰岩人工砂(以下简称"三分部石场人工砂")、广西百色市枢纽石场辉绿岩人工砂(以下简称"枢纽石场人工砂")、广西靖西县安德镇西南石场石灰岩人工砂(以下简称"西南石场人工砂")、广西靖西县旧州镇泗梨石场白云岩人工砂(以下简称"泗梨石场人工砂")、广西靖西县湖润镇锰矿厂生产的废碴(以下简称"靖西锰矿砂")、广西崇左市龙州县响水镇砂场天然河砂(以下简称"崇左天然河砂")。

综观各版本筛洗法、虹吸管法、砂当量法、亚甲蓝法对细集料最大粒径的规定,有的试验方法没有明确的规定(如 2011 年版《建设用砂》7.4 试验、2006 年版《砂石标准》6.8 试验及 6.9 试验、2005 年版《集料试验规程》T0333 试验),有的试验方法要求筛除大于 9.5 mm 的颗粒(如 2003 年版《水泥路面技术规范》附录 B 中的 B.2"含泥量测定"),有的试验方法要求筛除大于 4.75 mm 的颗粒(如 2006 年版《砂石标准》6.11 试验、2005 年版《集料试验规程》T0334 试验),有的试验方法要求筛除大于 2.36 mm 的颗粒(如 2011 年版《建设用砂》7.5 试验、2005 年版《集料试验规程》T0349 试验、2003 年版《水泥路面技术规范》附录 B 中的 B.3"石粉含量测定")。

为使细集料具有可比性并符合现行国家标准、各行业标准中天然砂、人工砂的定义,本书除虹吸管法规定特细河砂采用筛除大于 0.6 mm 颗粒的试样外,其他样品统一采用筛除大于 4.75 mm 颗粒的试样进行试验。

由于工程实际中不可能得到完全洁净的人工砂,"由于人工砂颗粒形状棱角多,表面粗糙不光滑,粉末含量较大"[①],而被压碎的人工砂形状也是棱角多,表面粗糙不光滑,故被压碎的人工砂完全等同采石场生产的人工砂。

为尽可能得到不含尘屑、黏土或其他杂质的人工砂,本书采用 1.18 mm 方孔筛筛分 0～9.5 mm 人工砂,取 1.18 mm 以上的颗粒进行水洗、烘干,并剥除其中的泥块及其他杂质,得到全部由母岩矿物成分组成的 1.18～9.5 mm 颗粒,然后采用如 2005 年版《集料试验规程》T0316—2005"粗集料压碎值试验"方法制备 0～4.75 mm 各粒级人工砂颗粒:分批将 3 kg 左右的 1.18～9.5 mm 颗粒装入试模中,整平表面,把加压头放入试模后置于压力机上,开动压力机,均匀地施加荷载至 600kN 时卸荷,将试模从压力机取出,把压碎的颗粒装入洁净的搪瓷盘内,用 4.75 mm、2.36 mm、1.18 mm、0.60 mm、0.30 mm、0.15 mm、0.075 mm 方孔筛以及底盘分批对所有被压碎的 0～9.5 mm 人工砂进行筛分。

筛分时,各号方孔筛上的试样质量均不大于 200 g,除"使集料在筛面上同时有水平方向及上下方向的不停顿运动"外,不但不断变换手握标准筛的位置,而且不停用手轻拍筛壁,直至各号方孔筛上的试样在 1 min 内无明显的筛出物为止。

筛分后,0.075 mm 及其以上各号方孔筛上的试样分别置于洁净的搪瓷盘内,小于 0.075 mm 的人工砂颗粒直接用塑料袋包装、密封备用。

由于人工砂颗粒形状棱角多、比表面积大,0.075 mm 及其以上各粒级人工砂的表面粘附着较多的小于 0.075 mm 砂粒(见表 2-1,表 2-1 为烘干试样经过 0.075 mm 筛水洗后,0.075 mm 以上各粒级人工砂中小于 0.075 mm 的含粉量),而随着含粉量的增大,人工砂所吸附的亚甲蓝标准溶液量必然产生一定的影响(见第 5 章第 5.2.4 节"不同石粉含量的差异"),从而使试验结果没有可比性及规律性,故 0.075 mm 及其以上各粒级人工砂必须充分洗除粘附在各粒级人工砂表面的小于 0.075 mm 的细砂粒。

表 2-1 大于 0.075 mm 各粒级人工砂的含粉量

粒级/mm	试验前质量/g	试验后质量/g	含粉量
4.75～2.36	231.3	230.1	0.5%
2.36～1.18	1 052.9	1 043.9	0.9%
1.18～0.60	725.6	715.2	1.4%
0.60～0.30	525.3	514.8	2.0%
0.30～0.15	238.8	230.4	3.3%
0.15～0.075	199.7	183.6	8.1%

为使 0.075 mm 及其以上各粒级人工砂不含小于 0.075 mm 的细粉,本书采用如下方法制备 0～4.75 mm 各粒级人工砂颗粒:把上面已筛分的 2.36 mm、1.18 mm、0.60 mm、0.30 mm、0.15 mm、0.075 mm 各号方孔筛上的试样,分批置于 0.075 mm 筛上并在盛有洁净水的容器内反复筛洗,直至容器内的水洁净为止,把筛洗干净的 0.075 mm 及其以上各粒级试样倒入搪瓷盘中,置于温度为 105℃±5℃ 的烘箱中烘干至恒重后,分别用塑料袋包装、密封备用。

---

① 摘自 2006 年版《砂石标准》的"条文说明"第 2.1.2 条。

由于工程实际中不可能得到完全洁净的天然砂,"由于天然砂经过亿万年的风化、搬运,一般比较坚硬……而且砂的形状基本上是球形颗粒"[①],如人为破碎天然砂,被破碎的天然砂形状基本上是扁平颗粒,与天然砂的球形颗粒明显不相符,而且扁平颗粒的比表面积远大于球形颗粒的比表面积,随着比表面积的增大,吸附的亚甲蓝标准溶液数量必然越多,从而对试验结果产生一定的影响,故天然砂不应采用人工砂的制备方法制备 0.075 mm及其以上的试样。

为尽可能得到不含尘屑、黏土或其他杂质以及小于 0.075 mm 细粉的原状天然砂,本书采用如下方法制备 0.075~4.75 mm 各粒级天然砂颗粒:把 0~9.5 mm 天然砂置于 5 L 容量筒中,注入洁净的水,使水面距离容量筒顶面约 5 cm,用手在水中淘洗土样,将小于 0.075 mm 的颗粒分离并悬浮水中,然后分批置于 0.075 mm 筛上并在盛有洁净水的容器内反复筛洗,直至容器内的水洁净为止,把筛洗干净的 0.075 mm 及其以上天然砂颗粒倒入搪瓷盘中,置于温度为 105℃±5℃ 的烘箱中烘干至恒重后,采用 4.75 mm、2.36 mm、1.18 mm、0.60 mm、0.30 mm、0.15 mm、0.075 mm 方孔筛以及底盘分批按人工砂的方法筛分 0.075~9.5 mm 天然砂,并把筛分后 0.075 mm 及其以上各号方孔筛上的天然砂颗粒分别用塑料袋包装、密封备用。

如果按照 2005 年版《集料试验规程》T0333 试验对 0~9.5 mm 天然砂进行水洗、烘干,取 0.075 mm 筛下的颗粒作为小于 0.075 mm 的试样,小于 0.075 mm 的试样或多或少含有 0.075 mm 以下的泥,从而对试验结果产生一定的影响。

如果采用被破碎的天然砂中小于 0.075 mm 的颗粒,被破碎的天然砂形状基本上是扁平颗粒,与天然砂的球形颗粒明显不相符。

虽然小于 0.075 mm 的扁平颗粒与球形颗粒对筛洗法、虹吸管法、砂当量法的试验结果没有什么影响,但是,对亚甲蓝法的试验结果却有一定的影响,因为扁平颗粒的比表面积远大于球形颗粒的比表面积,随着比表面积的增大,理论上吸附的亚甲蓝标准溶液数量越多。

为解决这个问题,本书分别采用被破碎的天然砂中小于 0.075 mm 的颗粒与没有被破碎的天然砂中小于 0.075 mm 的颗粒(含泥量均为零)、浙江中速定性滤纸、生产日期为 2013 年 3 月 9 日的天津亚甲蓝、自来水进行亚甲蓝试验,试验结果表明(表2-2),两者所吸附的亚甲蓝标准溶液数量相差不大,而且对某一特定天然砂(包括人工砂)而言,含泥量为零的试样所吸附的亚甲蓝标准溶液数量对其含泥量的测定并没有任何的影响,故天然砂可采用清洗干净的被破碎的小于 0.075 mm 颗粒作为小于 0.075 mm 的试样。

表 2-2　破碎与未破碎的小于 0.075 mm 颗粒的亚甲蓝试验结果

岩石类别	试样特征	试样粒级/mm	试样质量/g	含泥量	加入亚甲蓝溶液量/g
天然砂	未破碎颗粒	0~0.075	20	0	2
天然砂	破碎颗粒	0~0.075	20	0	3
				0	3

为使细集料具有代表性、可比性,并尽可能符合工程实际的颗粒级配,本书统一按 24%∶24%∶12%∶16%∶8%∶8%∶8% 的比例掺配 4.75~2.36 mm、2.36~

---

① 摘自 2005 年版《集料试验规程》T0344—2000"细集料棱角性试验(间隙率法)"的"条文说明"。

1.18 mm、1.18～0.60 mm、0.60～0.30 mm、0.30～0.15 mm、0.15～0.075 mm、<0.075 mm 各粒级细集料。

如果根据现行国家标准、各行业标准细集料筛分试验试样质量的有关规定以及上述比例掺配 500 g 各粒级试样,细集料的颗粒组成符合现行国家标准、各行业标Ⅱ区人工砂的级配范围(见表 2-3,该细集料的细度模数为 2.92)。

表 2-3　按比例掺配的细集料颗粒组成

筛孔尺寸/mm	分计筛余质量/g	分计筛余百分率	累计筛余百分率	规定累计筛余百分率
4.75	0	0%	0%	10%～0%
2.36	120	24.0%	24.0%	25%～0%
1.18	120	24.0%	48.0%	50%～10%
0.6	60	12.0%	60.0%	70%～41%
0.3	80	16.0%	76.0%	92%～70%
0.15	40	8.0%	84.0%	100%～80%
0.075	40	8.0%	92.0%	—
<0.075	40	8.0%	100.0%	—

2.2　标准土样的制备

本书采用的土样取自同一来源、同一批次的广西甲高速公路五分部 YBK97+000 右 20 m 深度 $h=5.0$ m 挖方土(以下简称"YBK97+000 土")与 YBK96+800 左 15 m 深度 $h=0.3$ m 原地面表层土(以下简称"YBK96+800 土")、广西乙高速公路 NO.1 合同段 AK0+340 左 5 m 深度 $h=1.2$ m 挖方土(以下简称"AK0+340 土")与 NO.3 合同段 K14+468 右 8 m 深度 $h=7.6$ m 挖方土(以下简称"K14+468 土")。

由于工程实际中不可能得到完全洁净的土样,为尽可能得到不含砂、石或其他杂质的土样,本书两次采用如 2005 年版《集料试验规程》T0333 试验方法制备标准土样:把挖方土或地表土分批置于 5 L 容量筒中,注入洁净的水,使水面距离容量筒顶面约 5 cm,用手在水中淘洗土样,将小于 0.075 mm 的颗粒分离并悬浮水中,静置 1 min,缓缓地将容量筒上面的一部分浑浊液倒入 10 L 的容量筒中(容量筒顶上放置 0.075 mm 筛,防止大于 0.075 mm 的砂、石颗粒及其他杂质进入容量筒),重复上述操作,直至 10 L 容量筒盛满浑浊液;搅拌 10 L 容量筒中的浑浊液,静置 1 min,缓缓地将浑浊液倒入搪瓷盘,重复上述操作,直至各个搪瓷盘盛满浑浊液,静置、滤去搪瓷盘中的清水,置于温度为 105℃±5℃的烘箱中烘干至恒重。

由于小于 0.075 mm 的浑浊液烘干后会变成块状,如果直接采用这些块状土样进行试验,显然对试验操作及试验结果产生不利的影响,因此,本书采用橡皮锤捣碎块状土样后过 0.075 mm 筛,取 0.075 mm 筛下土样进行试验。

2.3　标准样品的制备

为使样品具有代表性及可比性,本书采用的试样均为标准样品,标准样品的制备按如下方法制备：含泥量为零的标准样品，统一按 24％∶24％∶12％∶16％∶8％∶8％∶8％的比例掺配 4.75～2.36 mm、2.36～1.18 mm、1.18～0.60 mm、0.60～0.30 mm、0.30～0.15 mm、0.15～0.075 mm、＜0.075 mm 各粒级天然砂、人工砂，含泥量为 1％、2％、3％、4％、5％、6％的标准样品中，2.36～1.18 mm、1.18～0.60 mm、0.60～0.30 mm、0.30～0.15 mm、0.15～0.075 mm、＜0.075 mm 各粒级天然砂、人工砂的质量与含泥量为零的标准样品相同，含泥量每增加 1％，含泥量为 1％、2％、3％、4％、5％、6％的标准样品中 4.75～2.36 mm 天然砂、人工砂应减少相当于标准样品总质量 1％的颗粒，而小于 0.075 mm 天然砂、人工砂则增加相当于标准样品总质量 1％的泥。

工程实际应用中，筛洗法、虹吸管法只适用于水泥混凝土用天然砂，而现行国家标准、各行业标准规定水泥混凝土天然砂最大的含泥量均小于或等于 5％，故本书筛洗法、虹吸管法标准样品的最大含泥量均为小于或等于 5％。

工程实际应用中，亚甲蓝法只适用于水泥混凝土及公路沥青路面各结构层用人工砂，砂当量法只适用于公路沥青路面各结构层用人工砂，而 2004 年版《沥青路面技术规范》表 4.9.2 规定人工砂的"砂当量不小于 60％"，且"试验表明，如果控制砂当量不小于 60％，将能控制含土量不超过 6％左右"[①]，故本书亚甲蓝法、砂当量法标准样品的最大含泥量均为小于或等于 6％。

本书标准样品各粒级试样进行掺配时，0.075 mm 及其以上各粒级天然砂、人工砂的质量均精确至 ±0.02 g，小于 0.075 mm 天然砂、人工砂的石粉及小于 0.075 mm 的泥粉质量均精确至 ±0.01 g，各个标准样品的总质量均精确至 ±0.1 g。

以本书筛洗法为例，筛洗法每个标准样品的总质量为 400 g，如按上述方法进行掺配，则筛洗法各个含泥量标准样品各号筛的颗粒组成见表 2-4。

表 2-4　400 g 标准样品各号筛的颗粒组成

筛孔尺寸/mm	筛余质量/g					
	0％含泥量	1％含泥量	2％含泥量	3％含泥量	4％含泥量	5％含泥量
4.75	0	0	0	0	0	0
2.36	96	92	88	84	80	76
1.18	96	96	96	96	96	96
0.6	48	48	48	48	48	48
0.3	64	64	64	64	64	64
0.15	32	32	32	32	32	32
0.075	32	32	32	32	32	32
＜0.075	32	32	32	32	32	32
＜0.075（泥）	0	4	8	12	16	20

---

① 摘自 2005 年版《集料试验规程》T0334 试验第 103 页的"条文说明"。

第3章

筛 洗 法

3.1 试验方法

比较 2011 年版《建设用砂》7.4 试验、2006 年版《砂石标准》6.8 试验、2005 年版《集料试验规程》T0333 试验、2003 年版《水泥路面技术规范》附录 B 试验中的 B.2"含泥量测定",三个标准四个版本筛洗法的内容大同小异。

但是,2005 年版《集料试验规程》T0333 试验增加了筛洗法的"条文说明",因此,本书摘录 2005 年版《集料试验规程》T0333 试验及其"条文说明",并对与 2011 年版《建设用砂》7.4 试验、2006 年版《砂石标准》6.8 试验以及 2003 年版《水泥路面技术规范》附录 B 试验中 B.2 "含泥量测定"的内容有差异的部分进行详细论述。

T0333—2000 细集料含泥量试验(筛洗法)

1　目的与适用范围

1.1　本方法仅用于测定天然砂中粒径小于 0.075 mm 的尘屑、淤泥和黏土的含量。

1.2　本方法不适用于人工砂、石屑等矿粉成分较多的细集料。

2011 年版《建设用砂》7.4 试验没有明确筛洗法的适用范围,如果根据 2011 年版《建设用砂》第 3.3 条"含泥量"的定义"天然砂中粒径小于 75 μm 的颗粒含量",2011 年版《建设用砂》7.4 试验只适用于测定天然砂。

2006 年版《砂石标准》6.8 试验第 6.8.1 条"本方法适用于测定粗砂、中砂和细砂的含泥量",如果根据 2006 年版《砂石标准》第 2.1.6 条"含泥量"的定义"砂、石中公称粒径小于 80 μm 颗粒的含量",2006 年版《砂石标准》6.8 试验同时适用于测定天然砂及人工砂。

2003 年版《水泥路面技术规范》附录 B 试验中的 B.2"含泥量测定"没有明确筛洗法的适用范围,也没有明确"含泥量"的定义,因而无法确认该方法究竟是适用于测定天然砂或是适用于测定人工砂,或者同时适用于测定天然砂及人工砂。

奇怪的是,2005 年版《集料试验规程》T0333 试验第 1.2 条已明确说明"本方法不适用于人工砂、石屑等矿粉成分较多的细集料",而 2005 年版《集料试验规程》T0349 试验第 3.6 条却又规定"按 T0333 的筛洗法测定细集料中含泥量或石粉含量"。

2 仪具与材料

(1) 天平:称量 1 kg,感量不大于 1 g。

2006 年版《砂石标准》6.8 试验第 6.8.2-2 条要求"天平——称量 1 000 g,感量 1 g",而 2011 年版《建设用砂》7.4 试验第 7.4.1-b 条及 2003 年版《水泥路面技术规范》附录 B 试验第 B.2.1-2 条均要求"天平:称量 1 000 g,感量 0.1 g",本书采用一台最大称量为 2 000 g、最小感量为 0.01 g 的电子天平称量试样。

(2) 烘箱:能控温在 105℃±5℃。

(3) 标准筛:孔径 0.075 mm 及 1.18 mm 的方孔筛。

本书采用一个能控制 105℃±5℃温度的鼓风烘箱烘干试样、一个孔径为 0.075 mm 的标准方孔筛淘洗试样。

(4) 其他:筒、浅盘等。

2011 年版《建设用砂》7.4 试验第 7.4.1-d 条与 2003 年版《水泥路面技术规范》附录 B 试验第 B.2.1-4 条均为"容器:要求淘洗试样时,保持试样不溅出(深度大于 250 mm)",2006 年版《砂石标准》6.8 试验第 6.8.2-4 条为"洗砂用的容器及烘干用的浅盘等"。

2005 年版《集料试验规程》T0333 试验与 2006 年版《砂石标准》6.8 试验至少应该如 2011 年版《建设用砂》7.4 试验第 7.4.1-d 条及 2003 年版《水泥路面技术规范》附录 B 试验第 B.2.1-4 条规定淘洗试样用的容器深度。

因为,筛洗法淘洗试样用的容器,其深度的大小与筛洗法测定的细集料含泥量的大小有着直接的关系,容器的深度越小,越容易使小于 0.075 mm 细砂粒随水一起冲走,其测定的细集料含泥量越大。

由于三个标准四个版本筛洗法均没有配备专用的淘洗容器,也没有明确筛洗法淘洗容器的具体尺寸,而工地很难找到深度大于 250 mm 的适合筛洗法的容器,本书采用 2005 年版《集料试验规程》T0304—2005"粗集料密度及吸水率试验(网篮法)"(以下简称"2005 年版《集料试验规程》T0304 试验")的溢流水槽作为筛洗法淘洗试样的专用容器(2005 年版《集料试验规程》T0304 试验溢流水槽的深度为 240 mm、直径为 195 mm,见图 3-1)。

图 3-1 筛洗法的专用容器

3 试验准备

将来样用四分法缩分至每份约 1 000 g,置于温度为 105℃±5℃的烘箱中烘干至恒重,冷却至室温后,称取约 400 g(m_0)的试样两份备用。

2011 年版《建设用砂》7.4 试验的相关内容为第 7.4.2.1 条"按 7.1 规定取样,并将试样缩分至约 1 100 g,放在干燥箱中于(105±5)℃下烘干至恒重,待冷却至室温后,分为大致相等的两份备用"、第 7.4.2.2 条"称取试样 500 g,精确至 0.1 g"。

2006 年版《砂石标准》6.8 试验的相关内容为第 6.8.3 条"样品缩分至 1 100 g,置于温

度为 (105±5)℃ 的烘箱中烘干至恒重,冷却至室温后,称取各为 400 g(m_0)的试样两份备用"。

2003 年版《水泥路面技术规范》附录 B 试验的相关内容为第 B.2.2-2 条"试样制备:将试样缩分至 1 100 g,放在烘箱中于 (105±5)℃ 烘干至恒重,待冷却至室温后,筛除大于 9.5 mm 的颗粒,分为大致相等的两份备用"、第 B.2.2-3 条"淘洗:称取试样 500 g,精确至 0.1 g"。

本书采用的细集料为弄猴石场人工砂及崇左天然河砂,土样为五分部 YBK97+000 土,试样为标准样品,每个标准样品的总质量为 400 g,标准样品的制备方法详见本书第 2 章"试样的处理",各个含泥量标准样品各号筛的颗粒组成见表 2-4。

4 试验步骤

4.1 取烘干的试样一份置于筒中,并注入洁净的水,使水面高出砂面约 200 mm,充分拌和均匀后,浸泡 24 h,然后用手在水中淘洗试样,使尘屑、淤泥和黏土与砂粒分离,并使之悬浮水中,缓缓地将浑浊液倒入 1.18 mm 至 0.075 mm 的套筛上,滤去小于 0.075 mm 的颗粒。试验前筛子的两面应先用水湿润,在整个试验过程中应注意避免砂粒丢失。

注:不得直接将试样放在 0.075 mm 筛上用水冲洗,或者将试样放在 0.075 mm 筛上后在水中淘洗,以避免误将小于 0.075 mm 的砂颗粒当作泥冲走。

2011 年版《建设用砂》7.4 试验第 7.4.2.2—7.4.2.3 条、2006 年版《砂石标准》6.8 试验第 6.8.4-1—6.8.4-2 条、2003 年版《水泥路面技术规范》附录 B 试验第 B.2.2-3~B.2.2-4 条的相关内容,与 2005 年版《集料试验规程》T0333 试验第 4.1、4.2 条的内容异曲同工,最大的区别在于水面与砂面之间的高度,2011 年版《建设用砂》7.4 试验第 7.4.2.2 条、2006 年版《砂石标准》6.8 试验第 6.8.4-1 条及 2003 年版《水泥路面技术规范》附录 B 试验第 B.2.2-3 条均要求"使水面高出砂面约 150 mm"。

另外,2011 年版《建设用砂》7.4 试验、2006 年版《砂石标准》6.8 试验及 2003 年版《水泥路面技术规范》附录 B 试验,并没有如 2005 年版《集料试验规程》T0333 试验第 4.1 条"注"中的内容。

即使 2005 年版《集料试验规程》T0333 试验第 4.1 条备注了如此详细的内容,即使 2005 年版《集料试验规程》T0333 试验第 98 页的"条文说明"也明确说明"直接用 0.075 mm 筛在水中淘洗或者直接将砂放在 0.075 mm 筛上用水冲洗,将通过 0.075 mm 部分都当作'泥'看待,这种做法是不对的",交通行业很多试验室以及很多试验人员还是"直接将试样放在 0.075 mm 筛上用水冲洗,或者将试样放在 0.075 mm 筛上后在水中淘洗"。

以编者曾工作过的一个高速公路工程项目为例,该项目 4 个总监办中心试验室及 1 个项目总承包部中心试验室均采用如上述方法进行筛洗法。其实,这些试验室采用如上述方法进行筛洗法,并不奇怪。

因为,不但 2005 年版《集料试验规程》认为"以前我国通行水洗法测定小于 0.075 mm 含量,将其作为含泥量"[1],而且 2004 年版《沥青路面技术规范》也认为"细集料的洁净程度,天然砂以小于 0.075 mm 含量的百分数表示"[2]。

---

[1] 摘自 2005 年版《集料试验规程》T0334 试验第 103 页的"条文说明"。
[2] 摘自 2004 年版《沥青路面技术规范》第 4.9.2 条。

4.2 再次加水于筒中，重复上述过程，直至筒内砂样洗出的水清澈为止。

众所周知，细集料中的"泥"，包括"泥块"中的"泥"，如果细集料含有"泥块"，如果"泥块"只是经过浸泡、淘洗而没有"用手在水中捻碎泥块"[①]，根本无法使"泥块"中的"泥"完全通过 0.075 mm 筛。

因此，为使泥块中的泥全部通过 0.075 mm 筛，筛洗法应参照国家标准、各行业标准细集料的"泥块含量试验"，试验时"用手捻压泥块，直至泥块被完全捻碎"。

本书取一份标准样品置于溢流水槽中，并注入洁净的水，水面的高度加至溢流水槽的泄水口，水面约高出砂面 170 mm，用手在水中反复淘洗试样，使试样中的尘屑、淤泥、黏土与砂粒分离并悬浮水中，缓缓地将浑浊液倒入 0.075 mm 筛上，直至溢流水槽的水面高出砂面 50 mm 左右；再次加水于溢流水槽中，重复上述过程，直至溢流水槽内洗出的水清澈为止。

4.3 用水冲洗剩留在筛上的细粒，并将 0.075 mm 筛放在水中（使水面略高出筛中砂粒的上表面）来回摇动，以充分洗除小于 0.075 mm 的颗粒；然后将两筛上筛余的颗粒和筒中已经洗净的试样一并装入浅盘，置于温度为 105℃±5℃ 的烘箱中烘干至恒重，冷却至室温，称取试样的质量（m_1）。

2011 年版《建设用砂》7.4 试验第 7.4.2.3—7.4.2.4 条、2006 年版《砂石标准》6.8 试验第 6.8.4-2—6.8.4-3 条及 2003 年版《水泥路面技术规范》附录 B 试验第 B.2.2-4—B.2.2-5 条的相关内容，与 2005 年版《集料试验规程》T0333 试验第 4.2～4.3 条的内容大同小异，最大的区别在于 2011 年版《建设用砂》7.4 试验第 7.4.2.4 条及 2003 年版《水泥路面技术规范》附录 B 试验第 B.2.2-5 条强调"称出其质量，精确至 0.1 g"。

本书待溢流水槽内的试样洗出的水至清澈后，将 0.075 mm 筛放在水中（使水面略高出筛中砂粒的上表面）来回摇动，以充分洗除 0.075 mm 筛上小于 0.075 mm 的颗粒，然后将 0.075 mm 筛上的试样以及溢流水槽内已经洗净的试样一并装入搪瓷盘，置于温度为 105℃±5℃ 的烘箱中烘干至恒重，冷却至室温，称取试样的质量（m_1），精确至 0.01 g。

5　计算

砂的含泥量按式（T0333-1）计算至 0.1%。

$$Q_n = \frac{m_0 - m_1}{m_0} \times 100 \qquad\qquad (\text{T0333-1})$$

式中　Q_n——砂的含泥量（%）；

　　　m_0——试验前的烘干试样质量（g）；

　　　m_1——试验后的烘干试样质量（g）。

以两个试样试验结果的算术平均值作为测定值。两次试验结果的差值超过 0.5% 时，应重新取样进行试验。

2006 年版《砂石标准》6.8 试验第 6.8.5 条含泥量的计算及试验结果的处理，与 2005 年版《集料试验规程》T0333 试验第 5 条含泥量的计算及试验结果的处理完全一致。

---

① 摘自 2005 年版《集料试验规程》T0335"细集料泥块含量试验"第 4.1 条，2011 年版《建设用砂》7.6"泥块含量"试验第 7.6.2.2 条与 2006 年版《砂石标准》6.10"砂中泥块含量试验"第 6.10.4-1 条的内容类同。

2011 年版《建设用砂》7.4 试验第 7.4.3.1 条及 2003 年版《水泥路面技术规范》附录 B 试验第 B.2.3-1 条含泥量的计算，与 2005 年版《集料试验规程》T0333 试验第 5 条含泥量的计算完全一致。

但是，2011 年版《建设用砂》7.4 试验第 7.4.3.2 条含泥量的结果处理为"含泥量取两个试样的试验结果算术平均值作为测定值，采用修约值比较法进行评定"，2003 年版《水泥路面技术规范》附录 B 试验第 B.2.3-2 条含泥量的结果处理为"含泥量取两个试样的试验结果算术平均值作为测定值"。

综观现行国家标准及各行业标准，为保证试验结果的精度，很多试验方法明确规定了两次平行试验结果的允许误差，2003 年版《水泥路面技术规范》附录 B 试验没有规定两次平行试验结果的允许误差，而 2011 年版《建设用砂》7.4 试验规定"采用修约值比较法①进行评定"更是难以理解。

由于 2005 年版《集料试验规程》T0333 试验第 98 页的"条文说明"已经证明"本方法是测不准真正的含泥量的"，因而没有必要对筛洗法每个标准样品进行两次平行测定，也没有必要采用更多的样品进行试验。

条文说明

　　本方法含泥量应该是指天然砂中的含泥量，是将天然砂放在水中淘洗，让砂沉淀，悬浮液倒走，并用 0.075 mm 筛过滤的方法区别砂与土，所以试验时务必不使砂（有不少细砂颗粒会小于 0.075 mm）随水一起冲走，否则就不一定是含"泥"量了。但淘洗后，小于 0.075 mm 部分的细砂粒沉淀很慢，是很容易随土一起倾走的。有的实验室在试验时直接用 0.075 mm 筛在水中淘洗或者直接将砂放在 0.075 mm 筛上用水冲洗，将通过 0.075 mm 部分都当作"泥"看待，这种做法是不对的。因此，严格来说，本方法是测不准真正的含泥量的，应该尽可能采用 T0334 的砂当量试验。对机制砂、石屑等细粉成分较多的细集料，不适用于本方法。对这些材料的洁净程度在《公路沥青路面施工技术规范》（JTG F40—2004）中是这样规定的，细集料的洁净程度，天然砂以小于 0.075 mm 含量的百分数表示，石屑和机制砂以砂当量（适用于 0～4.75 mm）或亚甲蓝值（适用于 0～2.36 mm 或 0～0.15 mm）表示。

3.2　试验结果

表 3-1 是采用弄猴石场人工砂、五分部 YBK97+000 土制备的标准样品进行筛洗法的试验结果。

表 3-2 是采用崇左天然河砂、五分部 YBK97+000 土制备的标准样品进行筛洗法的试验结果。

根据表 3-1 及表 3-2 的试验结果可以看出，相邻两个含泥量标准样品筛洗法实测的含泥量相差在 1% 左右，但是，筛洗法实测的含泥量与标准的含泥量相差甚远，将近一半以上小于 0.075 mm 的细砂粒随水一起被冲走（标准样品中小于 0.075 mm 细砂粒的含量均

---

① 黑色冶金行业标准《冶金技术标准的数值修约与检测数值的判定》（YB/T 081—2013）第 5.3 条"修约值比较法"第 5.3.1 条"将测定值或其计算值进行修约，修约位数应与规定的极限数值数位一致"、第 5.3.2 条"将修约后的数值与标准或有关文件规定的极限数值作比较，只要超出极限数值规定的范围，都判定为不符合要求"。

为8%)。

表 3-1　人工砂的试验结果

标准含泥量	试验前质量/g	试验后质量/g	实测含泥量	实测含泥量与标准含泥量之差
0%	400	377.75	5.6%	5.6%
1%	400	374.68	6.3%	5.3%
2%	400	371.21	7.2%	5.2%
3%	400	367.72	8.1%	5.1%
4%	400	364.36	8.9%	4.9%
5%	400	360.07	10.0%	5.0%

表 3-2　河砂的试验结果

标准含泥量	试验前质量/g	试验后质量/g	实测含泥量	实测含泥量与标准含泥量之差
0%	400	381.21	4.7%	4.7%
1%	400	377.52	5.6%	4.6%
2%	400	374.04	6.5%	4.5%
3%	400	369.27	7.7%	4.7%
4%	400	364.69	8.8%	4.8%
5%	400	361.25	9.7%	4.7%

3.3　原因分析

综观现行国家标准及各行业标准,各版本筛洗法均没有明确说明筛洗法的试验原理,编者认为,筛洗法的基本原理应该是"将天然砂放在水中淘洗,让砂沉淀,悬浮液倒走,并用0.075 mm 筛过滤的方法区别砂与土"[1],即利用土悬浮在浑浊液上部、细砂粒悬浮在浑浊液下部的物理现象进行含泥量的测定,这个试验原理确实具有一定的科学依据。

因为,不但"膨胀性黏土矿物具有极大的比表面,……细集料中的非黏土性矿物质颗粒的比表面(表3-3)相对要小得多"[2],而且,细集料中膨胀性黏土矿物的容重比非黏土性矿物质要小得多。

表 3-3　每种黏土的比表面

黏土及矿物类型	蒙脱土	蛭石	伊利石	纯高岭石	非黏土矿物质微粒
比表面/$(m^2 \cdot g^{-1})$	800	200	40~60	5~20	1~3

下面分别采用小于 0.075 mm 的三分部石场人工砂、崇左天然河砂及五分部YBK97+000 土,按照《公路土工试验规程》(JTG E40—2007)T0124—1993"自由膨胀率试

---

[1]　摘自 2005 年版《集料试验规程》T0333 试验第 98 页的"条文说明"。

[2]　文字及表 3-3 摘自 2005 年版《集料试验规程》T0349 试验第 122 页的"条文说明"。

验"(以下简称"2007 年版《土工试验规程》T0124 试验")第 4.3 条的试验步骤测定膨胀性黏土矿物及非黏土性矿物质的容重。

2007 年版《土工试验规程》T0124 试验第 2.2 条要求"量土杯:容积 10 mL,内径为 20 mm,高度 32.8 mm",经用钢尺量测,量土杯的实际内径为 20.0 mm,经用水标定,量土杯的实际容积为 9.8 mL(图 3-2)。

图 3-2 量土杯

本书采用烘干试样并冷却至室温后,一次性将试样倒满漏斗,然后用铁丝轻轻搅动漏斗中的试样,使试样全部漏入量土杯,轻轻移开量土杯,用钢直尺垂直于杯口轻轻刮去量土杯上多余的试样,称取量土杯中试样的质量,三次平行试验结果的平均值:小于 0.075 mm 的三分部石场人工砂为 6.97 g,小于 0.075 mm 的崇左天然河砂为 8.06 g,小于 0.075 mm 的五分部 YBK97+000 土为 4.51 g,则小于 0.075 mm 三分部石场人工砂的容重为 0.71 g/cm³,小于 0.075 mm 的崇左天然河砂的容重为 0.82 g/cm³,小于 0.075 mm 的五分部 YBK97+000 土的容重为 0.46 g/cm³,说明细集料中膨胀性黏土矿物的容重比非黏土性矿物质要小得多。

由于细集料中膨胀性黏土矿物的比表面比非黏土性矿物质要大得多,且细集料中膨胀性黏土矿物的容重比非黏土性矿物质要小得多,因而细集料中的膨胀性黏土矿物比非黏土性矿物质更容易悬浮在浑浊液的上部。

下面分别称取小于 0.075 mm 的五分部 YBK97+000 土及小于 0.075 mm 的三分部石场人工砂与崇左天然河砂各 2 g,分别倒入两个 100 mL 量筒,各加入 100 g 水后,两人同时用玻璃棒快速搅拌量筒内的人工砂及土,搅拌 1 min 后静置于坚硬的试验操作台上,观察量筒内砂与土在各个时间段的沉淀情况(图 3-3—图 3-9 中,左侧的图为五分部 YBK97+000 土与三分部人工砂,右侧的图为五分部 YBK97+000 土与崇左天然河砂)。

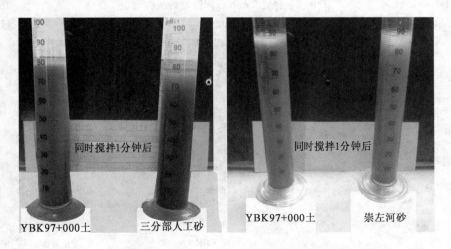

图 3-3 同时搅拌 1 min 后的浑浊液

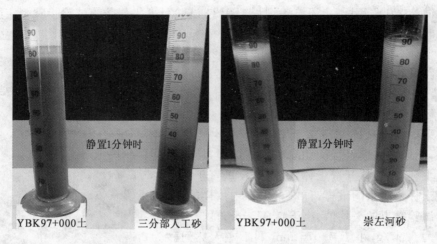

静置1分钟时　YBK97+000土　三分部人工砂　静置1分钟时　YBK97+000土　崇左河砂

图 3-4　静置 1 min 后浑浊液的沉淀情况

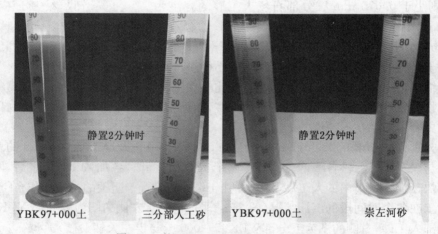

静置2分钟时　YBK97+000土　三分部人工砂　静置2分钟时　YBK97+000土　崇左河砂

图 3-5　静置 2 min 后浑浊液的沉淀情况

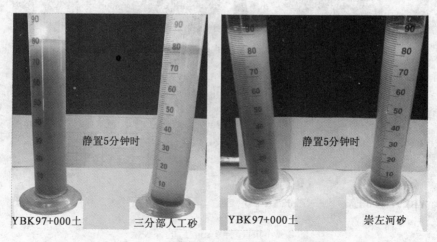

静置5分钟时　YBK97+000土　三分部人工砂　静置5分钟时　YBK97+000土　崇左河砂

图 3-6　静置 5 min 后浑浊液的沉淀情况

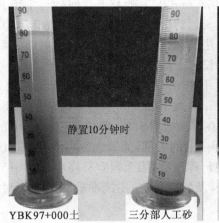
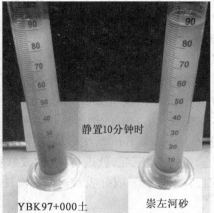

图 3-7 静置 10 min 后浑浊液的沉淀情况

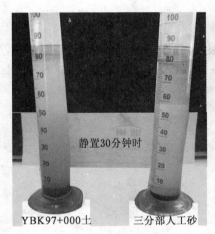
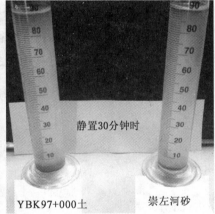

图 3-8 静置 30 min 后浑浊液的沉淀情况

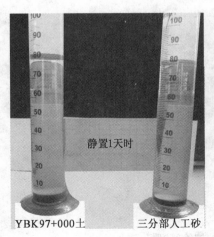
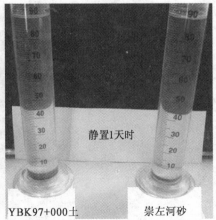

图 3-9 静置 24 h 后浑浊液的沉淀情况

根据图 3-3—图 3-9 各个时间段小于 0.075 mm 人工砂及天然河砂与小于 0.075 mm 土的沉淀情况可知,小于 0.075 mm 人工砂及天然河砂的沉淀速度均比小于 0.075 mm 土快得多。因此,筛洗法(及虹吸管法)认为筛洗法(及虹吸管法)只筛洗(或虹吸)掉浑浊液中的土,而不会筛洗(或虹吸)掉浑浊液中的细砂粒。

但是,根据图 3-3—图 3-9 各个时间段小于 0.075 mm 人工砂及天然河砂与小于 0.075 mm 土的沉淀情况可知,小于 0.075 mm 的人工砂及天然河砂即使经过 1 min 沉淀后,相当多小于 0.075 mm 的细砂粒仍然悬浮在浑浊液的上部,即使经过 30 min 的沉淀,还是有一部分小于 0.075 mm 的细砂粒悬浮在浑浊液的上部,而筛洗法并没有经过沉淀(虹吸管法只经过 20～25 s 沉淀)就进行筛洗(或虹吸)浑浊液,因而很容易将小于 0.075 mm 部分的细砂粒随土一起倾走(或虹吸),这是筛洗法(及虹吸管法)不能准确测定细集料含泥量的根本原因。

3.4　结论

由于"小于 0.075 mm 部分的细砂粒沉淀很慢,是很容易随土一起倾走的"[①],故筛洗法筛洗掉浑浊液中的土,同时也筛洗掉浑浊液中一部分小于 0.075 mm 的细砂粒,"因此,严格来说,本方法是测不准真正的含泥量的"[②]。

---

① 摘自 2005 年版《集料试验规程》T0349 试验第 122 页的"条文说明"。
② 摘自 2005 年版《集料试验规程》T0333 试验第 98 页的"条文说明"。

虹 吸 管 法

4.1 试验方法

虹吸管法是建设部行业标准特有的测定砂中含泥量的试验方法,因此,本书摘录 2006 年版《砂石标准》6.9 试验的内容并进行详细论述。

6.9 砂中含泥量试验(虹吸管法)

6.9.1 本方法适用于测定砂中含泥量。

2006 年版《砂石标准》6.8 试验为"砂中含泥量试验(标准法)",但是,"本方法适用于测定粗砂、中砂和细砂的含泥量,特细砂中含泥量测定方法见本标准第 6.9 节"[1]。

如果非要比较现行测定砂中含泥量的各个试验方法哪个更有理由成为标准法,2006 年版《砂石标准》6.9 试验不但"适用于测定砂中含泥量"[2],而且"尤其适用于测定特细砂中的含泥量"[3],且试验证明,2006 年版《砂石标准》6.9 试验比 2006 年版《砂石标准》6.8 试验及其他试验方法更能准确测定砂中的含泥量,故 2006 年版《砂石标准》6.9 试验更有理由成为"砂中含泥量试验(标准法)"。

6.9.2 含泥量试验(虹吸管法)应采用下列仪器设备:

1 虹吸管——玻璃管的直径不大于 5 mm,后接胶皮弯管;

由于交通部行业标准并没有虹吸管法,而且工地很难找到符合 2006 年版《砂石标准》6.9 试验第 6.9.2-1 条要求的虹吸管,本书采用一根内径 6 mm 的软管作为虹吸管(图4-1),并用透明胶布把软管绑在一根直径 8 mm、长 300 mm 的玻璃棒上,玻璃棒外露出软管吸水口 50 mm,以确保"虹吸管吸口的最低位置距离砂面不小于 30 mm"[4]。

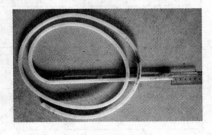

图 4-1 本试验采用的虹吸管

---

① 摘自 2006 年版《砂石标准》6.8 试验第 6.8.1 条。
② 摘自 2006 年版《砂石标准》6.9 试验第 6.9.1 条。
③ 摘自 2006 年版《砂石标准》第 103 页第 6.9 条的"条文说明"。
④ 摘自 2006 年版《砂石标准》6.9 试验第 6.9.4-2 条。

为确保虹吸管吸水口的直径不大于 5 mm,本书用一段 20 mm 长、剪去一半直径的软管塞入软管的吸水口。

2 玻璃容器或其他容器——高度不小于 300 mm,直径不小于 200 mm;

由于工地很难找到符合 2006 年版《砂石标准》6.9 试验第 6.9.2-2 条规定的玻璃容器,本书采用 2005 年版《集料试验规程》T0304 试验的溢流水槽作为虹吸管法的专用容器(溢流水槽的尺寸及形状见图 3-1)。

3 其他设备应符合本标准第 6.8.2 条的要求。

2006 年版《砂石标准》6.8 试验第 6.8.2 条的相关内容为"含泥量试验应采用下列仪器设备:1 天平——称量 1 000 g,感量 0.1 g;2 烘箱——温度控制范围为(105±5)℃;3 试验筛——筛孔公称直径为 80 μm 及 1.25 mm 的方孔筛各一个;4 洗砂用的容器及烘干用的浅盘等"。

本书采用一台最大称量 2 000 g,最小感量 0.01 g 的电子天平称取试样的质量、一个能控制(105＋5)℃温度的鼓风烘箱烘干试样、若干搪瓷盘盛装试样。

6.9.3 试样制备应按本标准第 6.8.3 条的规定进行。

2006 年版《砂石标准》6.8 试验第 6.8.3 条的相关内容为"试样制备应符合下列规定:样品缩分至约 1 100 g,置于温度为(105±5)℃的烘箱中烘干至恒重,冷却至室温后,称取各为 400 g(m_0)的试样两份备用"。

本书采用的细集料为弄猴石场人工砂及崇左特细天然河砂、土样为五分部 YBK97＋000 土,试样为标准样品,标准样品的制备方法,详见本书第 2 章"试样的处理"。

由于 2006 年版《砂石标准》6.9 试验第 6.9.4 条规定"称取烘干的试样 500 g",故本书虹吸管法崇左特细天然河砂称取的烘干试样质量为 500 g,其各个含泥量标准样品各号筛的颗粒组成见表 4-1。

表 4-1 500 g 标准样品各号筛的颗粒组成

筛孔尺寸/mm	筛余质量/g					
	0%含泥量	1%含泥量	2%含泥量	3%含泥量	4%含泥量	5%含泥量
1.18	0	0	0	0	0	0
0.6	100	95	90	85	80	75
0.3	100	100	100	100	100	100
0.15	200	200	200	200	200	200
0.075	50	50	50	50	50	50
<0.075	50	50	50	50	50	50
<0.075(泥)	0	5	10	15	20	25
细度模数	1.4	1.4	1.3	1.3	1.3	1.2

为比较虹吸管法与筛洗法的试验结果,本书采用弄猴石场的人工砂进行虹吸管法试验,弄猴石场人工砂称取的烘干试样质量为 400 g,各个含泥量标准样品各号筛的颗粒组成见表 2-4。

6.9.4　含泥量试验(虹吸管法)应按下列步骤进行：

　　1　称取烘干的试样 500 g(m_0)，置于容器中，并注入饮用水，使水面高出砂面约 150 mm，浸泡 2 h，浸泡过程中每隔一段时间搅拌一次，确保尘屑、淤泥和黏土与砂分离；

　　本书取标准样品置于溢流水槽中，注入饮用水，水面至溢流水槽的泄水口，使水面高出砂面至少 150 mm，充分搅拌标准样品，确保尘屑、淤泥和黏土与砂分离。

　　2　用搅拌棒均匀搅拌 1 min(单方向旋转)，以适当宽度和高度的闸板闸水，使水停止旋转。经 20～25 s 后取出闸板，然后，从上到下用虹吸管细心地将浑浊液吸出，虹吸管吸口的最低位置应距离砂面不小于 30 mm；

　　2006 年版《砂石标准》6.9 试验第 6.9.4-2 条没有规定搅拌棒及闸板的具体尺寸，2006 年版《砂石标准》6.9 试验第 6.9.2-3 条"其他设备应符合本标准第 6.8.2 条的要求"，而 2006 年版《砂石标准》6.8 试验根本就不需要搅拌棒及闸板。

　　本书采用 TD2001 型电子天平(最大称量 200 g、最小感量 0.001 g)防风罩上一块 165 mm 长、155 mm 宽的塑料盖作为虹吸管法的搅拌棒及闸板(图 4-2)。

　　用塑料盖顺时针及逆时针方向均匀搅拌 1 min，充分搅拌标准样品后，用塑料盖闸水，使水停止旋转，经 20～25 s 后取出塑料盖，然后把虹吸管的吸水口置于浑浊液中，从上到下用虹吸管细心地将浑浊液吸出，当玻璃棒接触溢流水槽的底部且虹吸管的出水口停止流水时，取出虹吸管。

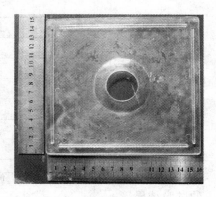

图 4-2　虹吸管法的搅拌棒及闸板

　　3　再倒入清水，重复上述过程，直到吸出的水与清水的颜色基本一致为止；

　　4　最后将容器中的清水吸出，把洗净的试样倒入浅盘并在(105±5)℃ 的烘箱中烘干至恒重，取出，冷却至室温后称砂质量(m_1)。

　　本书再次倒入清水，重复上述过程，直至吸出的水与清水的颜色基本一致为止，待溢流水槽中的浑浊液沉淀至清澈后，小心地将溢流水槽中的清水吸出，把溢流水槽中洗净的试样倒入搪瓷盘并置于(105±5)℃ 的烘箱中烘干至恒重，取出并冷却至室温后，称烘干试样的质量(m_1)，精确至 0.01 g。

6.9.5　砂中含泥量(虹吸管法)应按下式计算，精确至 0.1%：

$$W_c = \frac{m_0 - m_1}{m_0} \times 100\% \qquad (6.9.5)$$

式中　W_c——砂中含泥量(%)；

　　　　m_0——试验前的烘干试样质量(g)；

　　　　m_1——试验后的烘干试样质量(g)。

　　以两个试样试验结果的算术平均值作为测定值。两次试验结果之差大于 0.5% 时，应重新取样进行试验。

虹吸管法只是筛洗法的改进版，由于虹吸管法的试验原理与筛洗法的试验原理完全相同，而 2005 年版《集料试验规程》T0333 试验第 98 页的"条文说明"已经证明"本方法是测不准真正的含泥量的"，因而没有必要对虹吸管法每个标准样品进行两次平行测定，也没有必要采用更多的样品进行试验。

4.2　试验结果

表 4-2 是采用崇左天然河砂、五分部 YBK97＋000 土制备的标准样品进行虹吸管法的试验结果。

表 4-2　河砂的试验结果

标准含泥量	试验前质量/g	试验后质量/g	实测含泥量	实测含泥量与标准含泥量之差
0%	500	478.96	4.2%	4.2%
1%	500	473.55	5.3%	4.3%
2%	500	469.23	6.2%	4.2%
3%	500	464.39	7.1%	4.1%
4%	500	459.45	8.1%	4.1%
5%	500	454.88	9.0%	4.0%

表 4-3 是采用弄猴石场人工砂、五分部 YBK97＋000 土制备的标准样品进行虹吸管法的试验结果。

表 4-3　人工砂的试验结果

标准含泥量	试验前质量/g	试验后质量/g	实测含泥量	实测含泥量与标准含泥量之差
0%	400	386.24	3.4%	3.4%
1%	400	382.76	4.3%	3.3%
2%	400	378.86	5.3%	3.3%
3%	400	375.43	6.1%	3.1%
4%	400	371.35	7.2%	3.2%
5%	400	367.62	8.1%	3.1%

根据表 4-2 及表 4-3 的试验结果可以看出，相邻两个含泥量标准样品虹吸管法实测的含泥量相差在 1% 左右，但是，虹吸管法实测的含泥量与标准的含泥量相差甚远，将近一半小于 0.075 mm 的细砂粒随水一起吸走（崇左天然河砂各个标准样品中小于 0.075 mm 细砂粒的含量均为 10%，弄猴石场人工砂各个标准样品中小于 0.075 mm 细砂粒的含量均为 8%）。

4.3　原因分析

虹吸管法没有明确说明其试验的基本原理，但是，虹吸管法实际上是利用土悬浮在浑浊液上部、细砂粒悬浮在浑浊液下部的物理现象进行含泥量的测定,因此,虹吸管法的试验原理与筛洗法的试验原理完全相同。

根据筛洗法表3-1及虹吸管法表4-3的试验结果可以看出,虹吸管法测定的含泥量更接近标准的含泥量,说明虹吸管法比筛洗法更能准确测定细集料的含泥量,同时说明虹吸管法其实就是筛洗法的改良版。

虹吸管法比筛洗法更能准确测定细集料含泥量的原因,主要是"动"与"静"的差异:一是筛洗法没有"使水停止旋转"直接"缓缓地将浑浊液倒入0.075 mm筛",而虹吸管法"使水停止旋转"并"经20~25 s后"才"从上到下用虹吸管细心地将浑浊液吸出";二是筛洗法在整个倾倒浑浊液的过程中,浑浊液始终处于"动"态,而虹吸管法在整个吸出浑浊液的过程中,浑浊液始终处于"静"态。

即使虹吸管法是筛洗法的改良版,即使虹吸管法比筛洗法更能准确测定细集料的含泥量,但是,根据第3章"筛洗法"中图3-3—图3-9各个时间段小于0.075 mm人工砂及天然河砂与小于0.075 mm土的沉淀情况可知,小于0.075 mm的人工砂及天然河砂即使经过1 min沉淀,相当多小于0.075 mm的细砂粒仍然悬浮在浑浊液的上部,即使经过30 min的沉淀,还是有一部分小于0.075 mm的细砂粒悬浮在浑浊液的上部,而虹吸管法只是经过20~25 s沉淀,不足以使小于0.075 mm的细砂粒完全沉淀,大部分小于0.075 mm的细砂粒还是随水一起吸走,因而2006年版《砂石标准》6.9试验认为"通过沉淀虹吸不会使细小的颗粒流出"[①]显然不符合实际,这是虹吸管法不能准确测定细集料含泥量的根本原因。

4.4 结论

即使虹吸管法是筛洗法的改良版,由于虹吸管法的试验原理与筛洗法的试验原理完全相同,故虹吸管法虹吸掉浑浊液中的土,同时虹吸掉浑浊液中一部分小于0.075 mm的细砂粒,"因此,严格来说,本方法是测不准真正的含泥量的"[②]。

---

① 摘自2006年版《砂石标准》第103页的第6.9条。
② 摘自2005年版《集料试验规程》T0333试验第98页的"条文说明"。

第5章

亚甲蓝法

5.1 试验方法

比较 2011 年版《建设用砂》7.5 试验、2006 年版《砂石标准》6.11 试验、2005 年版《集料试验规程》T0349 试验、2003 年版《水泥路面技术规范》附录 B 试验,三个标准四个版本亚甲蓝法的内容异曲同工。

但是,2005 年版《集料试验规程》T0349 试验,不但增加了大篇幅的亚甲蓝法"条文说明",而且增加了其他三个版本没有的"小于 0.15 mm 粒径部分的亚甲蓝值 MBV_F 的测定",因此,本书摘录 2005 年版《集料试验规程》T0349 试验及其"条文说明",并对与 2011 年版《建设用砂》7.5 试验、2006 年版《砂石标准》6.11 试验、2003 年版《水泥路面技术规范》附录 B 试验的内容有差异的部分进行详细论述。

T0349—2005 细集料亚甲蓝试验

1 目的与适用范围

1.1 本方法适用于确定细集料中是否存在膨胀性黏土矿物,并测定其含量,以评定集料的洁净程度,以亚甲蓝值 MBV 表示。

对于亚甲蓝法的"适用范围",2011 年版《建设用砂》7.5 试验及 2003 年版《水泥路面技术规范》附录 B 试验均没有明确的规定,2006 年版《砂石标准》6.11 试验第 6.11.1 条为"本方法适用于测定人工砂和混合砂中石粉含量"。

如果根据 2011 年版《建设用砂》第 3.4 条"石粉含量"的定义"机制砂中粒径小于 75 μm 的颗粒含量",说明 2011 年版《建设用砂》亚甲蓝法只适用于机制砂。

如果根据 2006 年版《砂石标准》6.11 试验第 6.11.1 条"本方法适用于测定人工砂和混合砂中石粉含量",说明 2006 年版《砂石标准》亚甲蓝法只适用于人工砂和混合砂。

如果根据 2005 年版《集料试验规程》第 2.1.3 条"细集料"的"术语:在沥青混合料中,细集料是指粒径小于 2.36 mm 的天然砂、人工砂(包括机制砂)及石屑;在水泥混凝土中,细集料是指粒径小于 4.75 mm 的天然砂、人工砂",说明 2005 年版《集料试验规程》亚甲蓝法只适用于天然砂、人工砂及石屑。

如果根据 2003 年版《水泥路面技术规范》附录 B 试验第 B.1.1 条"MB 值试验目的在于

检测含泥量和石粉含量,并区分机制砂中的土和石粉",说明 2003 年版《水泥路面技术规范》亚甲蓝法只适用于机制砂。

如果根据亚甲蓝法的"试验原理是向集料与水搅拌制成的悬浊液中不断如入亚甲蓝溶液,每加入一定量的亚甲蓝溶液后,亚甲蓝为细集料中的粉料所吸附,用玻璃棒沾取少许悬浊液滴到滤纸上观察是否有游离的亚甲蓝放射出的浅蓝色色晕,判断集料对染料溶液的吸附情况。通过色晕试验,确定添加亚甲蓝染料的终点,直到该染料停止表面吸附"[①],说明亚甲蓝法适用于各种集料。

对于亚甲蓝法测定 $MBV(MB)$ 的"目的",国家标准、不同行业标准、同一行业标准各有不同的解释。

2011 年版《建设用砂》的"亚甲蓝 MB 值用于判定机制砂中粒径小于 75 μm 颗粒的吸附性能的指标"[②],但是,已经废止的《建筑用砂》(GB/T 14684—2001)6.5"石粉含量"试验(以下简称"2001 年版《建筑用砂》6.5 试验")的"亚甲蓝 MB 值用于判定人工砂中粒径小于 75 μm 颗粒含量主要是泥土还是与被加工母岩化学成分相同的石粉的指标"[③]。

同一个亚甲蓝法,2001 年版《建筑用砂》的亚甲蓝 MB 值明确表示可以用于判定人工砂中粒径小于 75 μm 颗粒含量主要是泥土还是石粉,而 2011 年版《建设用砂》的亚甲蓝 MB 值只是笼统表示可以用于判定机制砂中粒径小于 75 μm 颗粒的吸附性能,新国标与旧国标对亚甲蓝法试验"目的"的解释有着天壤之别。

2006 年版《砂石标准》"通过亚甲蓝试验来评定,细粉是石粉还是泥粉。当亚甲蓝值 $MB < 1.4$ 时,则判定是石粉;若 $MB \geqslant 1.4$ 时,则判定为泥粉"[④]。

2005 年版《集料试验规程》"亚甲蓝试验的目的是确定细集料、细粉、矿粉中是否存在膨胀性黏土矿物并确定其含量的整体指标"[⑤]。

2003 年版《水泥路面技术规范》的"亚甲蓝 MB 值用于判定机制砂中粒径小于 75 μm 的颗粒主要是泥土还是石粉的指标"[⑥]。

综上所述,各版本亚甲蓝法试验的"目的",可以概括为 2011 年版《建设用砂》、2006 年版《砂石标准》、2003 年版《水泥路面技术规范》亚甲蓝法测定的 MB 值,主要用于判定细集料中的细粉是泥土还是石粉;而 2005 年版《集料试验规程》亚甲蓝法测定的 MB 值,主要用于判定细集料中的膨胀性黏土矿物及其含量。

1.2　本方法适用于小于 2.36 mm 或小于 0.15 mm 的细集料,也可用于矿粉的质量检验。

2011 年版《建设用砂》7.5 试验第 7.5.3.2.1 条、2003 年版《水泥路面技术规范》附录 B 试验第 B.3.3-1-(1)条为"筛除大于 2.36 mm 的颗粒",2006 年版《砂石标准》6.11 试验第

---

①　摘自 2005 年版《集料试验规程》T0349 试验第 122 页的"条文说明",2006 年版《砂石标准》6.11 试验第 103 页"条文说明"中亚甲蓝法"试验原理"的文字描述,与 2005 年版《集料试验规程》亚甲蓝法试验原理的文字描述基本相同。

②　摘自 2011 年版《建设用砂》第 3.10 条"亚甲蓝(MB)值"的"定义"。

③　摘自 2001 年版《建筑用砂》第 3.10 条"亚甲蓝 MB 值"的"定义"。

④　摘自 2006 年版《砂石标准》第 103 页第 6.11 条的"条文说明"。

⑤　摘自 2005 年版《集料试验规程》T0349 试验第 122 页的"条文说明",此条文说明与 2011 年版《公路混凝土用机制砂》表 8"机制砂技术指标试验方法"中"石粉含量"采用的"试验方法:JTG E42(T0333、T0349)"显然互相矛盾。

⑥　摘自 2003 年版《水泥路面技术规范》第 2.0.21 条"亚甲蓝 MB 值"的"术语",此术语与 2001 年版《建筑用砂》第 3.10 条"亚甲蓝 MB 值"的"定义"完全一致。

6.11.3-2 条为"筛除大于公称直径 5.0 mm 的颗粒",而且均没有说明是否适用于小于 0.15 mm 的细集料或矿粉的质量检验。

> **1.3** 当细集料中的 0.075 mm 通过率小于 3% 时,可不进行此项试验即作为合格看待。

2011 年版《建设用砂》7.5 试验、2006 年版《砂石标准》6.11 试验与 2003 年版《水泥路面技术规范》附录 B 试验,并没有如 2005 年版《集料试验规程》T0349 试验第 1.3 条的文字内容。

2005 年版《集料试验规程》T0349 试验第 1.3 条的提法欠妥,因为,即使"细集料中的 0.075 mm 通过率小于 3%",其含泥量也有可能大于 2%,而根据 2011 年版《桥涵技术规范》表 6.3.1"细集料技术指标"中大于 C60 水泥混凝土Ⅰ类细集料含泥量小于 2.0% 的规定,含泥量大于 2% 的细集料不能用于公路桥涵工程大于 C60 的水泥混凝土。

2 试剂、材料与仪器设备

> (1) 亚甲蓝($C_{16}H_{18}CIN_3S \cdot 3H_2O$):纯度不小于 98.5%;

2011 年版《建设用砂》7.5 试验第 7.5.1-a)条亚甲蓝的分子式为 $C_{16}H_{18}CIN_3S \cdot 3H_2O$,要求亚甲蓝的纯度大于或等于 95%;2003 年版《水泥路面技术规范》附录 B 试验第 B.3.2-1 条没有亚甲蓝的分子式,要求亚甲蓝的纯度大于或等于 95%;2006 年版《砂石标准》6.11 试验第 6.11.3-1 条只有亚甲蓝的分子式($C_{16}H_{18}CIN_3S \cdot 3H_2O$),没有要求亚甲蓝的纯度。

分子式为 $C_{16}H_{18}CIN_3S \cdot 3H_2O$ 的化学品,根据包装瓶发现有多种不同的名称,而且采用的技术标准也各不相同。

有的包装瓶标识为亚甲基兰生物染色剂,有的包装瓶标识为次甲基兰生物染色剂,有的包装瓶标识为亚甲基蓝指示剂,有的包装瓶标识为亚甲基兰分析纯,有的包装瓶标识为亚甲基蓝(次甲基蓝)分析纯。

有的包装瓶标识的技术指标"符合 Q/12 HG 5542—2001",有的包装瓶标识的技术指标"符合津 Q/HG 3—2512—85",有的包装瓶标识的技术指标"符合企标",有的包装瓶标识的技术指标"符合津 Q/HG 33259—97"。

但是,它们的分子式及分子量都相同,说明它们其实是同一种化学品,只是习惯上的叫法不一致,因此,本书统称为"亚甲蓝"。

本书采用分子式为 $C_{16}H_{18}CIN_3S \cdot 3H_2O$、分子量为 373.9、纯度大于或等于 98.5% 的天津市某化学试剂厂生产日期为 2011 年 4 月 22 日与 2013 年 3 月 9 日的亚甲蓝(以下简称"天津亚甲蓝")以及上海市某化学试剂有限公司生产批号为 20110601 的亚甲蓝(以下简称"上海亚甲蓝")。

> (2) 移液管:5 mL、2 mL 移液管各一个;

本书采用一根长约 150 mm 的吸管吸取亚甲蓝标准溶液并置于 10 mL 及 100 mL 量筒内,所加入的亚甲蓝标准溶液以质量计,精确至 0.1 g。

原因有以下三点:一是亚甲蓝 MB 值表示每千克 0~2.36 mm 粒级试样所消耗的亚甲蓝质量,因而加入的亚甲蓝标准溶液也应以质量为单位;二是如果加入的亚甲蓝标准溶液以体积(mL)为单位,移液管很难准确量取亚甲蓝标准溶液;三是采用吸管更容易滴加亚甲蓝标准溶液。

（3）叶轮搅拌机：转速可调，并能满足 600 转/min±60 转/min 的转速要求，叶轮个数 3 或 4 个，叶轮直径 75 mm±10 mm；

注：其他类型的搅拌器也可使用，但试验结果必须与使用上述搅拌器时基本一致。

国家标准、各行业标准各版本亚甲蓝法规定叶轮搅拌机的叶轮个数、叶轮直径、转速要求，目的就是通过叶轮搅拌机的搅拌，确保细集料的各规格颗粒及泥土完全悬浮于液体，以便细集料充分吸附亚甲蓝。

据了解，不同厂家生产的亚甲蓝法叶轮搅拌机外形上并无多大的差别，转速均为可调，有的叶轮搅拌机不但可以满足（600±60）r/min 的转速要求，而且最高转速可以达到 3 000 r/min，搅拌机的叶轮个数、叶轮直径也大同小异，但是，搅拌效果大相径庭，主要原因在于搅拌机叶轮的形状。

根据本书使用过的亚甲蓝法叶轮搅拌机，搅拌机叶轮的形状至少有两种（图 5-1），一种是像风扇叶片一样的形状（如浙江省××市探矿仪器厂生产的亚甲蓝试验仪），一种是一块铁片折成 90°的形状（如上海某电子仪器有限公司生产的亚甲蓝搅拌器），前一种叶轮搅拌机虽然满足（600±60）r/min 的转速要求，但根本不能使细集料的各规格颗粒及泥土完全悬浮于液体，必须将叶轮搅拌机调至 800 r/min 以上的转速，才能使细集料的各规格颗粒及泥土完全悬浮于液体，而后一种叶轮搅拌机只需 500 r/min 以上的转速，即可使细集料的各规格颗粒及泥土完全悬浮于液体。

图 5-1　亚甲蓝法搅拌机的叶轮

因此，除了规定亚甲蓝叶轮搅拌机的叶轮个数、叶轮直径、转速要求，重要的是规定试验期间叶轮搅拌机的搅拌必须能使细集料的各规格颗粒及泥土完全悬浮于液体。

本书采用上海某电子仪器有限公司生产的叶轮个数为 4 个、叶轮直径为 75 mm、叶轮高度为 9 mm、叶轮形状为 90°、可调转速为 0～1 500 r/min 的 DJ-YJ 型亚甲蓝叶轮搅拌机，整个亚甲蓝试验期间保持（500±20）r/min 的转速。

2011 年版《建设用砂》7.5 试验、2006 年版《砂石标准》6.11 试验、2003 年版《水泥路面技术规范》附录 B 试验，并没有如 2005 年版《集料试验规程》T0349 试验第 2-（3）条"注"中的内容。

因为,如果工地试验室没有配备"上述搅拌器",试验人员也就无法判别其他类型搅拌器的试验结果与使用"上述搅拌器"的试验结果是否基本一致,故 2005 年版《集料试验规程》T0349 试验第 2-(3)条中的"注"纯属多余。

(4) 鼓风烘箱:能使温度控制在(105±5)℃;
(5) 天平:称量 1 000 g,感量 0.1 g 及称量 100 g,感量 0.01 g 各一台;

本书采用一个能控制(105±5)℃温度的鼓风烘箱烘干试样、一台最大称量 2 000 g 最小感量 0.01 g 的电子天平称取试样的质量。

(6) 标准筛:孔径为 0.075 mm、0.15 mm、2.36 mm 的方孔筛各一只;

本书采用孔径为 4.75 mm、2.36 mm、1.18 mm、0.60 mm、0.30 mm、0.15 mm、0.075 mm 的方孔筛筛分各粒级试样。

(7) 容器:深度大于 250 mm,要求淘洗试样时,保持试样不溅出;

2005 年版《集料试验规程》T0349 试验第 2-(7)条、2011 年版《建设用砂》7.5 试验第 7.5.2-d)条、2006 年版《砂石标准》6.11 试验第 6.11.2-4 条均要求配备深度大于 250 mm 的淘洗试样的容器,唯独 2003 年版《水泥路面技术规范》附录 B 试验中的 B.3"石粉含量测定"没有要求配备这一容器。

综观现行国家标准、各行业标准,三个标准四个版本亚甲蓝法中的任一条款均没有"要求淘洗试样",故本书没有配备这一容器。

(8) 玻璃容量瓶:1 L;

本书采用的玻璃容量瓶为 1 L 的棕色磨砂广口玻璃瓶,用于储存亚甲蓝标准溶液(990 g 水＋10 g 亚甲蓝粉末的标准溶液装入 1 L 棕色磨砂广口玻璃瓶后,尚有约 100 mL 的容积空间)。

(9) 定时装置:精度 1 s;
(10) 玻璃棒:直径 8 mm,长 300 mm,2 支;
(11) 温度计:精度 1℃;
(12) 烧杯:1 000 mL;

本书采用一个精度为 1 s 的定时装置、一支直径 8 mm 长 300 mm 的玻璃棒滴定亚甲蓝标准溶液、一支精度为 1℃的温度计量测水的温度、两个 1 L 的烧杯分别用于配制亚甲蓝标准溶液或制备细集料悬浊液及清洗亚甲蓝叶轮搅拌机。

(13) 其他:定量滤纸、搪瓷盘、毛刷、洁净水等。

对亚甲蓝法采用的滤纸,2005 年版《集料试验规程》T0349 试验第 2-(13)条要求采用"定量滤纸",2011 年版《建设用砂》7.5 试验第 7.5.1-c)条、2003 年版《水泥路面技术规范》附录 B 试验第 B.3.1-6 条均要求采用"快速定量滤纸",而 2006 年版《砂石标准》6.11 试验第 6.11.2-11 条要求采用"快速"滤纸,但没有明确是采用"快速定性滤纸"或是采用"快速定量滤纸"。

滤纸是一种具有良好过滤性能的纸,纸质疏松,对液体有强烈的吸收性能,目前我国生产的滤纸主要有定量分析滤纸、定性分析滤纸和层析定性分析滤纸三类,每类滤纸又分快速、中速、慢速三类,在滤纸盒上分别用白带(快速)、蓝带(中速)、红带(慢速)为标志分类,滤纸的外形有圆形和方形两种。

定量分析滤纸在制造过程中,纸浆经过盐酸和氢氟酸处理,并经过蒸馏水洗涤,将纸纤维中大部分杂质除去,所以灼烧后残留灰分很少,对分析结果几乎不产生影响,适用于精密定量分析,而定性分析滤纸一般残留灰分较多,仅供一般的定性分析和用于过滤沉淀或溶液中悬浮物用,不能用于质量分析。

因此,为保证试验结果的精度,2005 年版《集料试验规程》T0349 试验、2011 年版《建设用砂》7.5 试验、2003 年版《水泥路面技术规范》附录 B 试验均要求采用定量滤纸。

但是,据了解,用于公路工程中的滤纸,一般为定性滤纸,仪器供应商很少提供定量滤纸,如果工程确实需要使用中速或快速定量滤纸,必须向仪器供应商提前定购,否则只能到所在地的相关商店自行采购。

本书分别采用江苏省某特种纸业有限公司生产的直径均为 125 mm 的中速定性滤纸与快速定量滤纸(以下简称"江苏中速定性滤纸或快速定量滤纸")、辽宁省某工贸有限公司生产的直径为 150 mm 的中速定量滤纸(以下简称"辽宁中速定量滤纸")、浙江某机械设备有限公司生产的直径为 150 mm 的公路专用中速定性滤纸(以下简称"浙江中速定性滤纸")进行亚甲蓝法比对试验。[①]

对亚甲蓝法配制亚甲蓝标准溶液及制备细集料悬浊液所需的水,2011 年版《建设用砂》7.5 试验第 7.5.1-b-2)条与第 7.5.3.2.2 条、2006 年版《砂石标准》6.11 试验第 6.11.3-1 条与第 6.11.4-1-1)条、2003 年版《水泥路面技术规范》附录 B 试验第 B.3.2-2 条与第 B.3.3-1-2)条均采用"蒸馏水",唯独 2005 年版《集料试验规程》T0349 试验第 2-(13)条与第 3.1.3 条采用"洁净水"。

本书分别采用广西某高速公路路面 A 合同段蒸馏器生产的蒸馏水(以下简称"蒸馏水")、广西大新县某有限公司生产的桶装山泉水(以下简称"桶装水")、广西某高速公路五分部自行打井、用于饮食的自来水(以下简称"自来水")进行亚甲蓝法比对试验。

本书除了使用搪瓷盘盛装试样外,采用若干大号铝盒称量不同含泥量的试样、若干塑料袋储存各粒级的细集料及小于 0.075 mm 的泥、一个直径 100 mm 的不锈钢碗放置滤纸及研磨亚甲蓝粉末。

3 试验步骤

3.1 标准亚甲蓝溶液(10.0 g/L±0.1 g/L 标准浓度)配制

2005 年版《集料试验规程》T0349 试验第 3.1 条亚甲蓝的质量精度为"±0.1 g",而第 3.1.2 条的质量精度为"±0.01 g",两者的精度要求显然不一致。为保证试验结果的准确

---

① 辽宁中速定量滤纸及江苏中速定性滤纸、快速定量滤纸均为本书自行采购,仪器供应商并没有提供这三种滤纸;浙江中速定性滤纸为仪器供应商提供,主要用于土工击实试验,滤纸盒上只说明此滤纸为公路专用滤纸,既没有注明此滤纸为定性滤纸或定量滤纸,也没有标明此滤纸为快速、中速或慢速滤纸,而滤纸包装盒的颜色为红色,与江苏中速定性滤纸的颜色完全一致,故本书推断此滤纸为中速定性滤纸。

度,本书亚甲蓝的质量精度为"±0.01 g"。

> 3.1.1 测定亚甲蓝中的水分含量 w。称取 5 g 左右的亚甲蓝粉末,记录质量 m_h,精确到 0.01 g。在 (100 ± 5)℃的温度下烘干至恒重(若烘干温度超过 105℃,亚甲蓝粉末会变质),在干燥器中冷却,然后称重,记录质量 m_g,精确到 0.01 g。按式(T0349-1)计算亚甲蓝的含水率 w:
>
> $$w = (m_h - m_g)/m_g \times 100 \qquad (T0349-1)$$
>
> 式中　m_h——亚甲蓝粉末的质量(g);
> 　　　m_g——干燥后亚甲蓝的质量(g)。
> 注:每次配制亚甲蓝溶液前,都必须首先确定亚甲蓝的含水率。

2011 年版《建设用砂》7.5 试验第 7.5.1-b-1)条亚甲蓝粉末的制备方法与 2005 年版《集料试验规程》T0349 试验第 3.1.1 条亚甲蓝粉末的制备方法完全相同。

但是,2006 年版《砂石标准》6.11 试验第 6.11.3-1 条与 2003 年版《水泥路面技术规范》附录 B 试验第 B.3.2-2 条均为"将亚甲蓝粉末在(100 ± 5)℃下烘干至恒重(若烘干温度超过 105℃,亚甲蓝粉末会变质),称取烘干亚甲蓝粉末 10 g,精确至 0.01 g。"

2005 年版《集料试验规程》T0349 试验"按照国家标准《建筑用砂》(GB/T 14684—2001)的方法,增补了亚甲蓝试验方法"[1],而 2001 年版《建筑用砂》6.5 试验第 6.5.1-b 条为"将亚甲蓝粉末在(100 ± 5) ℃下烘干至恒重(若烘干温度超过 105℃,亚甲蓝粉末会变质),称取烘干亚甲蓝粉末 10 g,精确至 0.01 g"。

2005 年版《集料试验规程》T0349 试验"每次配制亚甲蓝溶液前,都必须首先确定亚甲蓝的含水率"的理由为"我国国家标准 GB/T 14684—2001 的方法与 EN 933—9:1999 方法的试验步骤基本相同,但也有一些区别……国标是将亚甲蓝粉末烘干后试验,取 10 g 干试样配制标准液,而 EN 标准要求先测含水率,配制时考虑含水率称取试样,防止亚甲蓝在烘干时变质。我们认为这样更为合理,故按 EN 方法进行了修改。"[2]

工程实际应用中,亚甲蓝粉末的制备方法有以下两种:一是先测亚甲蓝粉末的含水率,配制时考虑亚甲蓝粉末的含水率称取亚甲蓝粉末,如 2011 年版《建设用砂》7.5 试验与 2005 年版《集料试验规程》T0349 试验;二是先将亚甲蓝粉末置于 100℃以下温度的烘箱烘干至恒重后,直接称取 10 g 干亚甲蓝粉末,如 2006 年版《砂石标准》6.11 试验与 2003 年版《水泥路面技术规范》附录 B 试验。

如将上述两种亚甲蓝粉末的制备方法进行比较,前者有以下两点不利因素:一是前者每次配制亚甲蓝溶液前,需称取 5 g 左右的亚甲蓝粉末,由于是在(100 ± 5)℃的温度下烘干至恒重,该亚甲蓝粉末可能已经变质,一般不允许用于亚甲蓝试验,因而造成资源浪费,而后者的亚甲蓝粉末在 100℃以下的温度烘干至恒重,既保证亚甲蓝粉末不会变质,也可以重复利用;二是由于前者称取的样品数量太少,既可能使样品没有代表性,又可能在计算亚甲蓝粉末的含水率时产生较大的误差,从而引起称取的亚甲蓝质量产生较大的偏差,而后者称取的亚甲蓝质量可以精确至 0.01 g。

> 3.1.2 取亚甲蓝粉末$(100+W)(10\text{ g}\pm0.01\text{ g})/100$(即亚甲蓝干粉末质量 10 g),精确至 0.01 g。

---

① 摘自 2005 年版《集料试验规程》T0349 试验第 122 页的"条文说明"。
② 摘自 2005 年版《集料试验规程》T0349 试验第 122 页的"条文说明"。

为保证亚甲蓝粉末不会因烘干温度过高而变质及其质量的精度要求,本书的亚甲蓝粉末按如下方法制备:将亚甲蓝粉末置于鼓风烘箱最顶层,在(70±5)℃下的烘干至恒重,称取烘干亚甲蓝粉末 10 g,精确至 0.01 g。

3.1.3 加热盛有约 600 mL 洁净水的烧杯,水温不超过 40℃。

2005 年版《集料试验规程》T0349 试验第 3.1.3 条采用"洁净水",但是,2011 年版《建设用砂》7.5 试验第 7.5.1-b)-2)条、2006 年版《砂石标准》6.11 试验第 6.11.3-1 条、2003 年版《水泥路面技术规范》附录 B 试验第 B.3.2-2 条均采用"蒸馏水",本书分别采用桶装水、自来水及蒸馏水进行比对试验,水的温度控制在 35℃～40℃。

3.1.4 边搅动边加入亚甲蓝粉末,持续搅动 45 min,直至亚甲蓝粉末全部溶解为止,然后冷却至 20℃。

2005 年版《集料试验规程》T0349 试验第 3.1.4 条没有明确采用什么设备(或工具)进行搅拌,2011 年版《建设用砂》7.5 试验第 7.5.1-b)-2)条、2006 年版《砂石标准》6.11 试验第 6.11.3-1 条、2003 年版《水泥路面技术规范》附录 B 试验第 B.3.2-2 条明确"用玻璃棒持续搅拌 40 min"。

众所周知,如果采用玻璃棒进行搅拌,即使持续搅动 45 min,即使用力"摇晃容量瓶"[1]或"振荡容量瓶"[2],不但费劲,而且不能"保证亚甲蓝粉末完全溶解",故本书采用叶轮搅拌器并保持(230±20)r/min 的速率连续搅动 60 min 以上,直至亚甲蓝粉末全部溶解为止。

3.1.5 将溶液倒入 1 L 容量瓶中,用洁净水淋洗烧杯等,使所有亚甲蓝溶液全部移入容量瓶,容量瓶和溶液的温度应保持在 20℃±1℃,加洁净水至容量瓶 1 L 刻度。

据了解,溶液的标准浓度有多种计算方法,根据 2005 年版《集料试验规程》T0349 试验第 3.1 条"标准亚甲蓝溶液(10.0 g/L±0.1 g/L 标准浓度)配制"可知,国家标准及各行业标准亚甲蓝溶液的标准浓度采用"克/升浓度计算方法"(即 1 升溶液里所含溶质的克数),本书亚甲蓝溶液的标准浓度采用"质量百分比浓度计算方法"(即溶质的质量占全部溶液质量的百分比),理由如下:①容量瓶的直径越大,所量取的水体积偏差越大;②配制好的亚甲蓝溶液表面会产生泡沫,加水时很难准确"至容量瓶 1 L 刻度"。

本书标准浓度为 1‰的亚甲蓝溶液按如下方法进行配制:将(10±0.01)g 干亚甲蓝粉末一次性加入盛有温度为 35℃～40℃、质量为(990±0.01)g 桶装水(蒸馏水或自来水)的 1 L 烧杯中,开动搅拌器并保持(230±20)r/min 的速率连续搅拌 60 min 以上,直至亚甲蓝粉末完全溶解为止。

3.1.6 摇晃容量瓶以保证亚甲蓝粉末完全溶解。将标准液移入深色储藏瓶中,亚甲蓝标准溶液保质期应不超过 28 d;配制好的溶液应标明制备日期、失效日期,并避光保存。

本书待亚甲蓝粉末完全溶解后,停止搅拌,立刻一次性将亚甲蓝标准溶液移入 1 L 棕色

---

① 摘自 2005 年版《集料试验规程》T0349 试验第 3.1.6 条。
② 摘自 2011 年版《建设用砂》7.5 试验第 7.5.1-b)-2)条、2006 年版《砂石标准》6.11 试验第 6.11.3-1 条、2003 年版《水泥路面技术规范》附录 B 试验第 B.3.2-2 条。

磨砂广口玻璃瓶中,瓶外用标签标明制备日期、失效日期等信息,置于试验室的操作台下避光保存。本试验每次配制的亚甲蓝标准溶液的使用期均不超过 28 d。

3.2　制备细集料悬浊液

3.2.1　取代表性试样,缩分至约 400 g,置烘箱中在 105℃±5℃条件下烘干至恒重,待冷却至室温后,筛除大于 2.36 mm 颗粒,分两份备用。

2011 年版《建设用砂》7.5 试验第 7.5.3.2.1 条、2003 年版《水泥路面技术规范》附录 B 试验第 B.3.3-1-(1)条与 2005 年版《集料试验规程》T0349 试验第 3.2.1 条的内容基本相同,但没有要求试样"分两份备用",只要求"筛除大于 2.36 mm 颗粒备用"。

2006 年版《砂石标准》6.11 试验第 6.11.3-2 条为"将样品缩分至约 400 g,放在烘箱中于(105±5)℃下烘干至恒重,待冷却至室温后,筛除大于公称直径 5.0 mm 的颗粒备用"。

根据以上分析可知,2011 年版《建设用砂》7.5 试验、2005 年版《集料试验规程》T0349 试验、2003 年版《水泥路面技术规范》附录 B 试验要求"筛除大于 2.36 mm 颗粒",而 2006 年版《砂石标准》6.11 试验要求"筛除大于公称直径 5.0 mm 的颗粒"。

工程实际应用中,细集料可能含有大于 2.36 mm 的颗粒,而且国家标准及各行业标准细集料的级配范围也允许含有大于 2.36 mm 甚至大于 4.75 mm 的颗粒,因此,为更符合工程实际,本书采用 2.36 mm 及其以下的颗粒进行试验。

根据以上分析可知,2005 年版《集料试验规程》T0349 试验第 3.2.1 条要求试样"分两份备用",而 2011 年版《建设用砂》7.5 试验、2006 年版《砂石标准》6.11 试验、2003 年版《水泥路面技术规范》附录 B 试验并没有要求试样"分两份备用"。

众所周知,亚甲蓝法一个试样的质量为 200 g,如果 2005 年版《集料试验规程》T0349 试验缩分后试样的质量小于 400 g,显然不能"分两份备用",而且综观国家标准及各行业标准,如果某一试验方法要求试样"分两份备用",则相应要求该试验进行两次平行测定,但是 2005 年版《集料试验规程》T0349 试验并没有要求进行两次平行测定。

为保证试验结果的精确度,现行国家标准及各行业标准绝大多数试验方法要求至少进行两次平行试验,本书亚甲蓝法部分样品进行了平行试验,其中三分部石场 0～2.36 mm 人工砂与 YBK97+000 土进行了样品 A、样品 B、样品 H 三次平行试验,三分部石场 0～0.15 mm 矿粉与 YBK97+000 土进行了样品 C、样品 F 两次平行试验,而且进行平行试验的样品,其试验结果相差无几,说明本书的亚甲蓝法具有很好的重复性,故本书其他样品没有进行平行试验。

3.2.2　称取试样 200 g,精确至 0.1 g。将试样倒入盛有(500±5)mL 洁净水的烧杯中,将搅拌器速度调整到 600 r/min,搅拌器叶轮离烧杯底部约 10 mm。搅拌 5 min,形成悬浊液,用移液管准确加入 5 mL 亚甲蓝溶液,然后保持(400±40)r/min 转速不断搅拌,直到试验结束。

对于试样质量的精度要求,2011 年版《建设用砂》7.5 试验第 7.5.3.2.2 条、2005 年版《集料试验规程》T0349 试验、2003 年版《水泥路面技术规范》附录 B 试验第 B.3.3-1-(2)条均为"称取试样 200 g,精确至 0.1 g",而 2006 年版《砂石标准》6.11 试验第 6.11.4-1-1)条为"称取试样 200 g,精确至 1 g"。

本书 0.075 mm 及其以上各粒级天然砂、人工砂的质量均精确至±0.02 g,小于 0.075 mm

天然砂、人工砂的石粉及小于 0.075 mm 的泥粉质量均精确至±0.01 g,各个标准样品的总质量均精确至±0.1 g。

本书采用的细集料为弄猴石场人工砂、三分部石场人工砂、枢纽石场人工砂、西南石场人工砂、泗梨石场人工砂、靖西锰矿砂、崇左天然河砂,采用的土样为 AK0+340 土、K14+468 土、YBK97+040 土、YBK96+800 土,试样为标准样品,每个标准样品的总质量为(200±0.1)g,标准样品的制备方法见第 2 章"试样的处理",各个含泥量标准样品各号筛的颗粒组成见表 5-1。

表 5-1　200 g 标准样品各号筛的颗粒组成

筛孔尺寸/mm	筛余质量/g					
	0%含泥量	1%含泥量	2%含泥量	3%含泥量	4%含泥量	5%含泥量
4.75	0	0	0	0	0	0
2.36	48	46	44	42	40	38
1.18	48	48	48	48	48	48
0.6	24	24	24	24	24	24
0.3	32	32	32	32	32	32
0.15	16	16	16	16	16	16
0.075	16	16	16	16	16	16
<0.075	16	16	16	16	16	16
<0.075(泥)	0	2	4	6	8	10

对于亚甲蓝法所需的水,2011 年版《建设用砂》7.5 试验第 7.5.3.2.2 条、2006 年版《砂石标准》6.11 试验第 6.11.4-1-1)条、2003 年版《水泥路面技术规范》附录 B 试验第 B.3.3-(2)条均为"蒸馏水",唯独 2005 年版《集料试验规程》T0349 试验第 3.2.2 条采用"洁净水",本书分别采用桶装水、蒸馏水及自来水进行比对试验,水的质量精确至(500±0.1)g。

众所周知,"集料吸附亚甲蓝需要一定的时间才能完成"[1],但是,国家标准及各行业标准将试样倒入盛有水的烧杯并"搅拌 5 min,形成悬浊液"后,"用移液管准确加入 5 mL 亚甲蓝溶液",如果亚甲蓝溶液与试样同时加入盛有水的烧杯,试样将有更多的时间吸附亚甲蓝。

为使细集料有足够多的时间吸附亚甲蓝,本书将试样倒入盛有(500±0.1)g 水的烧杯后,迅速将亚甲蓝标准溶液倒入烧杯中,调整搅拌器叶轮与烧杯底部之间的距离(约 10 mm),开动搅拌器,并保持(500±20)r/min 的转速不断搅拌,直到试验结束。

3.3　亚甲蓝吸附量的测定

3.3.1　将滤纸架空放置在敞口烧杯的顶部,使其不与任何其他物品接触。

众所周知,烧杯的顶部有一个三角锥形口,目的是为了使倒出的液体不会沿着烧杯的外壁往下流,而靠近烧杯锥形口的部分要比其他部分略低一些,故滤纸置于烧杯顶部时会一边高一边低,如果滤纸不处于水平状态,滴于滤纸上的悬浊液容易流动,从而很难形成直径 8~12 mm 之间的环状沉淀物。

---

① 摘自 2005 年版《集料试验规程》T0349 试验第 3.3.2 条中的"注"。

为使滤纸保持水平状态,本书将滤纸置于敞口直径为 100 mm 的不锈钢碗顶部,并使滤纸表面不与任何其他物品接触。

  3.3.2 细集料悬浊液在加入亚甲蓝溶液并经(400±40)r/min 转速搅拌 1 min 起,在滤纸上进行第一次色晕检验。即用玻璃棒沾取一滴悬浊液滴于滤纸上,液滴在滤纸上形成环状,中间是集料沉淀物,液滴的数量应使沉淀物直径在 8~12 mm 之间。外围环绕一圈无色的水环,当在沉淀物周围边缘放射出一个宽度约 1 mm 的浅蓝色色晕时(图 T0349-1),试验结果称为阳性。

  注:由于集料吸附亚甲蓝需要一定的时间才能完成,在色晕试验过程中,色晕可能在出现后又消失了。为此,需每隔 1 min 进行一次色晕检验,连续 5 次出现色晕方为有效。

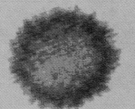

图 T0349-1 亚甲蓝试验得到的色晕图像
（左图符合要求,右图不符合要求）

  2011 年版《建设用砂》7.5 试验第 7.5.3.2.3 条、2006 年版《砂石标准》6.11 试验第 6.11.4-1-2)条、2003 年版《水泥路面技术规范》附录 B 试验第 B.3.3-(3)条相应的内容为“悬浮液中加入 5 mL 亚甲蓝溶液溶液,以(400±40)r/min 转速搅拌至少 1 min 后,用玻璃棒沾取一滴悬浮液(所取悬浮液滴应使沉淀物直径在 8~12 mm 内),滴于滤纸(置于空烧杯或其他合适的支撑物上,以使滤纸表面不与任何固体或液体接触)上……直至沉淀物周围出现约 1 mm 的稳定浅蓝色色晕”。

  “由于集料吸附亚甲蓝需要一定的时间才能完成”[①],如果“细集料悬浊液在加入亚甲蓝溶液并经(400±40)r/min 转速搅拌 1 min 起”,即刻“在滤纸上进行第一次色晕检验”,亚甲蓝可能还没有完全被细集料悬浊液吸附。

  试验结果表明,有的试样(如三分部石场人工砂)很快就能完全吸附亚甲蓝,而大多试样(如枢纽石场人工砂及靖西锰矿砂)对亚甲蓝并不敏感,需要更多的时间才能完全吸附亚甲蓝,如果这些对亚甲蓝不敏感的试样搅拌 1 min 后马上进行色晕检验,试验结果很可能为阳性。

  因此,本书每次色晕检验至少搅拌 5 min,而且最终色晕检验以“连续 5 次沉淀物周围边缘放射出一个宽度约 1 mm 的浅蓝色色晕”为准。

  3.3.3 如果第一次的 5 mL 亚甲蓝没有使沉淀物周围出现色晕,再向悬浊液中加入 5 mL 亚甲蓝溶液,继续搅拌 1 min,再用玻璃棒沾取一滴悬浊液,滴于滤纸上,进行第二次色晕试验,若沉淀物周围仍未出现色晕,重复上述步骤,直到沉淀物周围放射出约 1 mm 的稳定浅蓝色色晕。

  2011 年版《建设用砂》7.5 试验第 7.5.3.2.3 条、2006 年版《砂石标准》6.11 试验第

---

  ① 摘自 2005 年版《集料试验规程》T0349 试验第 3.3.2 条中的“注”。

6.11.4-1-2)条、2003 年版《水泥路面技术规范》附录 B 试验第 B.3.3-(3)条相应的内容为"若沉淀物周围未出现色晕,再加入 5 mL 亚甲蓝溶液溶液,继续搅拌 1 min,再用玻璃棒沾取一滴悬浮液,滴于滤纸上,若沉淀物周围仍未出现色晕。重复上述步骤,直至沉淀物周围出现约 1 mm 的稳定浅蓝色色晕。"

本书进行色晕试验时,每一标准样品第一次色晕试验所加入的亚甲蓝标准溶液质量,根据石质、土质的不同以及含泥量的大小而有所不同。

当标准样品的含泥量为零时,第一次加入亚甲蓝标准溶液的质量为 1 g,搅拌 5 min 后,用玻璃棒沾取一滴悬浊液,滴于滤纸上,进行第一次色晕试验,如果 1 g 亚甲蓝标准溶液没有使沉淀物边缘出现色晕,再向悬浊液加入 1 g 亚甲蓝标准溶液,继续搅拌 5 min,再用玻璃棒沾取一滴悬浊液,滴于滤纸上,进行第二次的色晕试验,若沉淀物边缘仍然出现色晕,重复上述步骤,直到沉淀物边缘放射出约 1 mm 的稳定浅蓝色色晕。

当依次进行其他含泥量标准样品色晕试验时,第一次加入亚甲蓝标准溶液的质量,参考上一个含泥量标准样品最终色晕试验所消耗的亚甲蓝标准溶液总质量,但搅拌时间至少10 min;如果第一次色晕试验没有使沉淀物边缘出现色晕,再向悬浊液加入 2 g 亚甲蓝标准溶液,继续搅拌 5 min,再用玻璃棒沾取一滴悬浊液,滴于滤纸上,进行第二次的色晕试验,若沉淀物边缘仍然出现色晕,重复上述步骤;当沉淀物边缘开始出现色晕时,改向悬浊液加入 1 g 亚甲蓝标准溶液,继续搅拌 5 min 后进行色晕试验,直到沉淀物周围放射出约 1 mm 的稳定浅蓝色色晕。

每次色晕试验时,需注意以下几个事项:一是每次进行色晕试验前,需用力摇晃装有亚甲蓝标准溶液的容量瓶,以便容量瓶内亚甲蓝标准溶液的浓度更加均匀;二是每次加入亚甲蓝标准溶液后,需用玻璃棒把烧杯壁上的颗粒刮回悬浊液中,以便烧杯壁上的颗粒能吸附更多的亚甲蓝标准溶液;三是悬浊液滴定时手不能抖颤,否则液滴容易在途中直接掉落滤纸上,从而无法形成直径 8～12 mm 的环状沉淀物;四是玻璃棒沾取亚甲蓝标准溶液液滴的数量要适中,液滴的数量太多,容易掉落滤纸而形成直径大于 12 mm 的环状沉淀物,液滴的数量太少,很难滴出沉淀物或滴出的环状沉淀物的直径小于8 mm;五是玻璃棒与滤纸的距离要保持在 10～20 mm 之间,玻璃棒与滤纸的距离太远,环状沉淀物的直径可能大于12 mm,玻璃棒与滤纸的距离太近,环状沉淀物的直径可能小于 8 mm。

3.3.4 停止滴加亚甲蓝溶液,但继续搅拌悬浊液,每 1 min 进行一次色晕试验。若色晕在最初的4 min 内消失,再加入 5 mL 亚甲蓝溶液;若色晕在第 5 min 消失,再加入 2 mL 亚甲蓝溶液。两种情况下,均应继续搅拌并进行色晕试验,直至色晕可持续 5 min 为止。

2011 年版《建设用砂》7.5 试验第 7.5.3.2.3 条、2006 年版《砂石标准》6.11 试验第6.11.4-1-2)条、2003 年版《水泥路面技术规范》附录 B 试验第 B.3.3-1-(3)条相应的内容为"此时,应继续搅拌,不加亚甲蓝溶液,每分钟进行一次沾染试验。若色晕在 4 min 内消失,再加入 5 mL 亚甲蓝溶液;若色晕在第 5 分钟消失,再加入 2 mL 亚甲蓝溶液。两种情况下,均应继续进行搅拌和沾染试验,直至色晕可持续 5 min。"

试验结果表明,短短 5 min 内的色晕检验,环状沉淀物的色晕要么有、要么无,色晕的颜色要么深、要么浅,并不存在色晕消失的现象,唯一的可能就是悬浮液的搅拌时间足够长,色晕才有可能消失。

以本书 2013 年 7 月 22 日试验的含粉量为 8% 的枢纽石场辉绿岩人工砂为例(即样品 P_2,见表 5-30),当亚甲蓝标准溶液加至 36 mL 时,由于停电需中止试验,而此时沉淀物周围仍未出现色晕,待第二天上午继续进行色晕检验时,该样品吸附的亚甲蓝标准溶液,明显比同一标准样品所吸附的亚甲蓝标准溶液多了许多(见表 5-2,表 5-19 样品 I 与表 5-20 样品 J 中含泥量为零的标准样品,其相应的含粉量为 8%),说明随着时间的增长,集料将吸附更多的亚甲蓝标准溶液。

表 5-2　同一样品不同时间的试验结果

样品编号	岩石类别	试样粒级/mm	试样质量/g	含粉量	加入亚甲蓝溶液量/g	试验时间/h
P_2				8%	48	>24
I	辉绿岩	0~2.36	200	8%	40	<1
J				8%	42	<1

3.3.5　记录色晕持续 5 min 时所加入的亚甲蓝溶液总体积,精确至 1 mL。

注:试验结束后应立即用水彻底清洗试验用容器。清洗后的容器不得含有清洁剂成分,建议将这些容器作为亚甲蓝试验的专门容器。

本书每次加入亚甲蓝标准溶液后至少搅拌 5 min,然后连续进行 5 次色晕试验,最终色晕试验以"连续 5 次沉淀物周围边缘放射出一个宽度约 1 mm 的浅蓝色色晕"为准,最后记录最终色晕试验所加入的亚甲蓝标准溶液总质量,精确至 1 g。

本书采用固定的烧杯、量筒、玻璃棒作为亚甲蓝试验的专门容器,每个标准样品试验结束后,立即用洁净水彻底清洗试验用的各种仪器及搅拌机的叶轮。

3.4　亚甲蓝的快速评价试验

3.4.1　按 3.2.1 及 3.2.2 要求制样及搅拌。

3.4.2　一次性向烧杯中加入 30 mL 亚甲蓝溶液,以 400 r/min±40 r/min 转速持续搅拌 8 min,然后用玻璃棒沾取一滴悬浊液,滴于滤纸上,观察沉淀物周围是否出现明显色晕。

2011 年版《建设用砂》7.5 试验第 7.5.3.3.3 条、2006 年版《砂石标准》6.11 试验第 6.11.4-2-2)条、2003 年版《水泥路面技术规范》附录 B 试验第 B.3.3-2-(3)条相应的内容与 2005 年版《集料试验规程》T0349 试验第 3.4.2 条类同。

试验结果表明,如果一次性向烧杯中加入较多的亚甲蓝标准溶液,至少需要搅拌 10 min 才能完全被集料吸附,否则沉淀物周围会出现明显的色晕,形成假象的阳性。

3.5　小于 0.15 mm 粒径部分的亚甲蓝值 MBV_F 的测定

按 3.1~3.3 的规定准备试样,进行亚甲蓝试验测试,但试样为 0~0.15 mm 部分,取 30 g±0.1 g。

2011 年版《建设用砂》7.5 试验、2006 年版《砂石标准》6.11 试验以及同为交通行业标准的 2003 年版《水泥路面技术规范》附录 B 试验并没有"小于 0.15 mm 粒径部分的亚甲蓝值 MBV_F 的测定"这一内容,说明 2005 年版《集料试验规程》"按照国家标准《建筑用砂》(GB/T 14684—2001)的方法,增补了亚甲蓝试验方法"的同时,增加了"小于 0.15 mm 粒径

部分的亚甲蓝值 MBV_F 的测定"。

如果根据国家标准及各行业标准粗集料、细集料级配范围的颗粒组成,"试样为 $0\sim$ 0.15 mm 部分"应该包括 0.15 mm 在内的颗粒,但是,2005 年版《集料试验规程》T0349 试验第 3.5 条为"小于 0.15 mm 粒径部分的亚甲蓝值 MBV_F 的测定",说明 2005 年版《集料试验规程》T0349 试验的编者把 $0\sim0.15$ mm 粒级与小于 0.15 mm 粒径混为一谈。

3.6 按 T0333 的筛洗法测定细集料中含泥量或石粉含量。

2011 年版《建设用砂》7.5 试验第 7.5.3.1 条相应的内容为"石粉含量的测定按 7.4.2①进行",2006 年版《砂石标准》6.11 试验第 6.11.4-3 条相应的内容为"人工砂及混合砂中的含泥量或石粉含量试验步骤及计算按本标准 6.8 节②的规定进行",2003 年版《水泥路面技术规范》附录 B 试验第 B.3.3-3 条相应的内容为"测定人工砂中含泥量或石粉含量的试验步骤按照 B.2.2 条③所述进行",因此,现行国家标准及各行业标准人工砂含泥量及含粉量的测定,其实就是按照筛洗法进行试验。

但是,本书第 1 章第 1.3 节,不但明确了细集料含泥量与含粉量的定义,而且说明含泥量与含粉量是两个截然不同的概念,故含泥量与含粉量其实是两个截然不同的技术指标,而综观现行国家标准及各行业标准,没有哪一个试验方法可以同时测定两个截然不同的技术指标,筛洗法也不例外。

而且,根据本书第 3 章第 3.2 节的试验结果可知,筛洗法并不能准确测定细集料中的含泥量,而含粉量为细集料中粒径小于 75 μm 的颗粒含量,筛洗法只是"把悬浮液缓缓倒入 1.18 mm 及 0.075 mm 的套筛",说明筛洗法也不能准确测定细集料中的含粉量。

因此,2005 年版《集料试验规程》T0349 试验以及 2011 年版《建设用砂》7.5 试验、2006 年版《砂石标准》6.11 试验、2003 年版《水泥路面技术规范》附录 B 试验,究竟是测定细集料中的含泥量,还是测定细集料中的含粉量,或是测定细集料中的其他技术指标,很难有所定论。

本书根据 2005 年版《集料试验规程》T0303—2005"含土粗集料筛分试验"及其第 20 页的条文说明:"本方法淘洗掉的部分实际上不完全是'泥',也包括能够悬浮且能够通过 0.075 mm 筛的极细砂和石粉",细集料的含粉量按如下方法进行测定:取代表性试样,用四分法将试样缩分至 1 000 g 左右,置温度为(105±5)℃的烘箱中烘干至恒重,冷却至室温后,准确称取(400±0.1)g 试样(m_0)两份,取一份试样置于容器中,加入洁净的水,使水面高出砂面约 200 mm,充分拌和均匀,浸泡 24 h,用手在水中捻碎人工砂中的泥块,使泥块中的泥与砂粒完全分离,将容器中的试样全部倒入 0.075 mm 筛后,置于另一个盛有洁净水的容器中(使水面高出筛中砂粒的表面约 20 mm),来回摇动,以充分洗除小于 0.075 mm 的颗粒,直至水洁净为止,然后将 0.075 mm 筛上的颗粒全部移入搪瓷盘,置温度为(105±5)℃的烘箱中烘干至恒重,冷却至室温,称取烘干试样的质量(m_1)。按上述方法进行另一个样品的含粉量试验。按式 $(m_0-m_1)/m_0\times100$ 计算细集料的含粉量,以两个试样试验结果的

---

① 7.4.2,即 2011 年版《建设用砂》7.4"含泥量"试验的第 7.4.2 条。
② 6.8 节,即 2006 年版《砂石标准》的 6.8"砂中含泥量试验"。
③ B.2.2 条,即 2003 年版《水泥路面技术规范》附录 B 试验的 B.2"含泥量测定"第 B.2.2 条。

算术平均值作为测定值,如两次结果之差大于 0.5% 时,应重新取样进行试验。

4 计算

4.1 细集料亚甲蓝值 MBV 按式(T0349-2)计算,精确至 0.1。

$$MBV = \frac{V}{m} \times 10 \qquad \text{(T0349-2)}$$

式中 MBV——亚甲蓝值(g/kg),表示每千克 0～2.36 mm 粒级试样所消耗的亚甲蓝克数;

m——试样质量(g);

V——所加入的亚甲蓝溶液的总量(mL)。

注:公式中的系数 10 用于将每千克试样消耗的亚甲蓝溶液体积换算成亚甲蓝质量。

现行国家标准及各行业标准细集料的亚甲蓝值均按如 2005 年版《集料试验规程》T0349 试验式(T0349-2)进行计算。

细集料的亚甲蓝值可按如 2005 年版《集料试验规程》T0349 试验式(T0349-2)进行计算,也可按下面的方法计算每千克试样所消耗的亚甲蓝克数。

根据亚甲蓝法的试验步骤可知,亚甲蓝标准溶液为 10 g 亚甲蓝加水至容量瓶 1 L 刻度,则 1 mL 亚甲蓝标准溶液含有 0.01 g 亚甲蓝,即亚甲蓝的标准浓度为 0.01 g/mL。

根据亚甲蓝法的试验步骤可知,试样的质量 m 为 200 g,如果 200 g 试样所消耗的亚甲蓝标准溶液的体积为 V(mL),则 1 000 g 试样所消耗的亚甲蓝标准溶液的体积为 1 000/200 × V(mL) = 5V(mL),则 5V mL 亚甲蓝标准溶液中所含的亚甲蓝质量为 5V(mL) × 0.01(g/mL) = 0.05V(g),即细集料的亚甲蓝值可按式 MB = 0.05 V(g/kg) 计算。

由于本书亚甲蓝标准溶液的配制以及加入的亚甲蓝标准溶液均采用质量计,故本书细集料亚甲蓝值的计算方法与上述计算方法略有不同。

本书配制的亚甲蓝标准溶液为 10 g 亚甲蓝及 990 g 水,则亚甲蓝溶液的标准浓度为 1%,根据亚甲蓝法的试验步骤可知,试样的质量 m 为 200 g,如果 200 g 试样所消耗的亚甲蓝标准溶液的质量为 m,则 1 000 g 试样所消耗的亚甲蓝标准溶液的质量为 1 000/200 m = 5 m(g),则 5 m 亚甲蓝标准溶液中所含的亚甲蓝质量为 5 m × 1% = 0.05 m(g),即本书细集料的亚甲蓝值可按 MB = 0.05 m(g/kg) 计算。

2011 年版《建设用砂》7.5 试验、2005 年版《集料试验规程》T0349 试验、2003 年版《水泥路面技术规范》附录 B 试验均要求亚甲蓝 MB 值计算"精确至 0.1",而 2006 年版《砂石标准》6.11 试验要求计算"精确至 0.01",本书的计算精确度至 0.1 g/kg。

交通部行业标准 2005 年版《集料试验规程》T0349 试验、2003 年版《水泥路面技术规范》附录 B 试验均没有亚甲蓝法的结果评定,国家标准 7.5 试验第 7.5.4.4 条为"采用修约值比较法进行评定",2006 年版《砂石标准》6.11 试验第 6.11.4-1-5)条为"亚甲蓝试验结果评定应符合下列规定:当 MB<1.4 时,则判定是以石粉为主;当 MB≥1.4 时,则判定为以泥粉为主的石粉。"

试验结果表明,现行各版本亚甲蓝法测定的 MB 值,既不能评定"细粉是石粉还是泥粉",也不能评定"细集料中是否存在膨胀性黏土矿物,并测定其含量",而国家标准 7.5 试验"采用修约值比较法进行评定"更让人费解。

4.2 亚甲蓝快速试验结果评定

若沉淀物周围出现明显色晕,则判定亚甲蓝快速试验为合格,若沉淀物周围未出现明显色晕,则判定亚甲蓝快速试验为不合格。

2011 年版《建设用砂》7.5 试验第 7.5.4.3 条、2006 年版《砂石标准》6.11 试验第 6.11.4-2-2)条、2003 年版《水泥路面技术规范》附录 B 试验第 B.3.4-2 条相应的内容与 2005 年版《集料试验规程》T0349 试验第 4.2 条类同。

试验结果表明,如果"一次性向烧杯中加入 30 mL 亚甲蓝溶液",有的试样沉淀物周围会出现明显的色晕,有的试样沉淀物周围不会出现明显的色晕,有的试样沉淀物周围甚至没有色晕出现,但是,无论色晕是否出现,色晕是否明显,均不能判定亚甲蓝快速试验是否合格。

4.3 小于 0.15 mm 部分或矿粉的亚甲蓝值 MBV_F 按式(T0349-3)计算,精确至 0.1。

$$MBV_F = \frac{V_1}{m_1} \times 10 \qquad\qquad (\text{T0349-3})$$

式中 MBV_F——亚甲蓝值(g/kg),表示每千克 0~0.15 mm 粒级或矿粉试样所消耗的亚甲蓝克数;

m_1——试样质量(g);

V_1——加入的亚甲蓝溶液的总量(mL)。

如果小于 0.15 mm 部分或矿粉的亚甲蓝值采用 2005 年版《集料试验规程》T0349 试验式(T0349-3)计算,根据 2005 年版《集料试验规程》T0349 试验第 3.5 条"试样为 0~0.15 mm 部分,取 30 g±0.1 g"可知,2005 年版《集料试验规程》T0349 试验式(T0349-3)中的试样质量 m_1 为 30 g,如果第一次加入的亚甲蓝标准溶液如 2005 年版《集料试验规程》T0349 试验第 3.3.3 条所述的 5 mL,则其加入的亚甲蓝标准溶液的总量 V_1 至少为 5 mL,则其亚甲蓝值至少为 $MBV_F = 5/30 \times 10 \approx 1.7(\text{g/kg})$。

矿粉一般用于公路工程沥青混合料,而"在沥青混合料中,矿质填料通常是指矿粉"[1],而 2004 年版《沥青路面技术规范》表 4.10.1"沥青混合料用矿粉质量要求",并没有对矿粉的亚甲蓝值进行明确的规定,如果套用 2004 年版《沥青路面技术规范》表 4.9.2"沥青混合料用细集料质量要求",则所有矿粉的亚甲蓝值均合格(2004 年版《沥青路面技术规范》表 4.9.2"沥青混合料用细集料质量要求"高速公路、一级公路亚甲蓝值"不大于 25 g/kg"[2])。

如果矿粉用于公路工程水泥混凝土混合料,2011 年版《桥涵技术规范》并没有对矿粉的亚甲蓝值进行明确的规定,如果套用 2011 年版《桥涵技术规范》表 6.3.1"细集料技术指标",则所有矿粉的亚甲蓝值均不合格(2011 年版《桥涵技术规范》表 6.3.1"细集料技术指标"中人工砂亚甲蓝值合格与否的界限为 1.4 g/kg)。

---

① 摘自 2004 年版《沥青路面技术规范》第 125 页第 4.10.1 条的"条文说明"。

② 2004 年版《沥青路面技术规范》表 4.9.2"沥青混合料用细集料质量要求"高速公路、一级公路亚甲蓝值"不大于 25 g/kg",这个规定有待商讨,理由如下:一是除 2004 年版《沥青路面技术规范》外,现行国家标准及各行业标各版本规范、规程、标准规定人工砂亚甲蓝值合格与否的界限均为 1.4 g/kg;二是 2010 年 4 月由人民交通出版社出版的《福建省高速公路施工标准化管理指南(路基路面)》表 18-4"高速公路沥青面层用细集料质量要求"亚甲蓝值"不大于 3 g/kg";三是根据本书表 5-53、表 5-55、表 5-57、表 5-59 可知,即使矿粉的含泥量达到 6%,30 克 0~0.15 mm 矿粉消耗的亚甲蓝标准溶液量最多只有 18 克,说明每千克 0~0.15 mm 矿粉消耗的亚甲蓝标准溶液量不会超过 1 千克,而 1 千克亚甲蓝标准溶液最多只有 20 克亚甲蓝。

而且，试验结果表明，同一石场、同一批次的人工砂，当其含泥量相同时，每千克 0～2.36 mm 粒级试样所消耗的亚甲蓝标准溶液，与每千克 0～0.15 mm 粒级或矿粉试样所消耗的亚甲蓝标准溶液相差甚远，后者所消耗的亚甲蓝标准溶液远远大于前者。

4.4 细集料中含泥量或石粉含量计算和评定按 T0333 的方法进行。

本书第 5 章"亚甲蓝法"第 5.1 节"试验方法"中的第 3.6 条，不但说明含泥量与含粉量是两个截然不同的概念，而且说明筛洗法不可能同时测定细集料中的含泥量及含粉量，故此处不再重复论述。

条文说明

评价细集料中的细粉含量（包括含泥量和石粉），除了 T0333 的方法外，国外通常采用砂当量试验及亚甲蓝试验。我国《公路沥青路面施工技术规范》中细集料的质量指标中目前只列入了砂当量值的要求。在美国和日本，规范规定进行砂当量试验，但不少地方也进行亚甲蓝试验。欧洲国家中原来有的用砂当量，有的用亚甲蓝试验。最新的欧洲共同体 CEN 的标准（EN 933-9：1999）中，已经没有了砂当量试验，只保留了亚甲蓝试验，但实际上法国等一些国家，两种试验方法都做。在美国 ASTN 有砂当量试验，但稀浆封层协会也推荐亚甲蓝试验。在我国的国家标准《建筑用砂》（GB/T 14864—2001）中，也没有砂当量，但有亚甲蓝试验。这两种试验方法各有什么优缺点，我国还缺乏研究。为试验工作需要，本规程按照国家标准《建筑用砂》（GB/T 14684—2001）的方法，增补了亚甲蓝试验方法。

对砂当量试验和亚甲蓝试验究竟哪个更好的问题，各有各的看法，一般认为，对较粗的细集料，适宜于采用砂当量试验，在试验时它采用的是小于 4.75 mm 以下部分。而亚甲蓝试验更适合于较细的细集料试验，甚至于小于 0.15 mm 的粉料试验，不适宜于有大于 4.75 mm 以上的集料。对此两种试验方法，我国都此较陌生，需要多如实践，积累经验，以得到更好的应用。

亚甲蓝试验的目的是确定细集料、细粉、矿粉中是否存在膨胀性黏土矿物并确定其含量的整体指标。它的试验原理是向集料与水搅拌制成的悬浊液中不断加入亚甲蓝溶液，每加入一定量的亚甲蓝溶液后，亚甲蓝为细集料中的粉料所吸附，用玻璃棒沾取少许悬浊液滴到滤纸上观察是否有游离的亚甲蓝放射出的浅蓝色色晕，判断集料对染料溶液的吸附情况。通过色晕试验，确定添加亚甲蓝染料的终点，直到该集料停止表面吸附。当出现游离的亚甲蓝（以浅蓝色色晕宽度 1 mm 左右作为标准）时，计算亚甲蓝值 MBV，计算结果表示为每 1 000 g 试样吸收的亚甲蓝的克数。

亚甲蓝试验时，由于膨胀性黏土矿物具有极大的比表面，很容易吸附亚甲蓝染料，亚甲蓝值表示用染料的单分子层覆盖其试样黏土部分的总表面积所需的染料量。亚甲蓝值与黏土含量乘以黏土比表面的乘积成正比。每种黏土的比表面表示黏土的固有特性，如下表所示。

黏土及矿物类型	蒙脱土	蛭石	伊利石	纯高岭石	非黏土矿物质微粒
比表面（m²/g）	800	200	40～60	5～20	1～3

因为细集料中的非黏土性矿物质颗粒的比表面相对要小得多（$1～3 m^2/g$），且并不吸收任何可见数量的染料。因此，以亚甲蓝值表示黏土部分的特性时，没有必要从集料的残余部分中分离出这些非黏土颗粒，所以通常试验直接采用 2.36 mm 以下部分细集料。当需要进一步检验 0.15 mm 以下颗粒中黏土部分的含量时，可采用 0.15 mm 以下集料进行试验。

我国国家标准 GB/T 14684—2001 的方法与 EN 933-9：1999 方法的试验步骤基本相同，但也有一些区别。在制备亚甲蓝标准液时国标要求水温加热至 35℃～45℃，而 EN 标准规定不超过 40℃；国标是将亚甲蓝粉末烘干后试验，取 10 g 干试样配制标准液，而 EN 标准要求先测含水率，配制时考虑含水率称取试样，防止亚甲蓝在烘干时变质。我们认为这样更为合理，故按 EN 方法进行了修改。

在 EN 标准中,还有一项规定:如果试样中细粉含量不足,数次试验无法出现色晕,可再加入高岭石和一定量的亚甲蓝溶液后进行试验。高岭石和亚甲蓝的量按照以下方法确定:

向烧杯中加入 $30\ g\pm0.1\ g$ 高岭石,在 $110℃\pm5℃$ 的温度下烘干至恒重,加入 $V'(mL)$ 的亚甲蓝溶液,$V'=30\ MBV_K$ 是指 30 g 高岭石吸附的亚甲蓝的量。高岭石亚甲蓝值(MBV_K)的确定方法如下:

(1)将高岭石在 $110℃\pm5℃$ 温度下烘干至恒重,称取 $30.0\ g\pm0.1\ g$ 干燥的高岭石,将其倒入烧杯中,倒入 500 mL 洁净水。

(2)以上述相同方法搅拌成悬浊液,加入 5 mL 标准亚甲蓝溶液,搅拌 1 min 后进行色晕试验。重复色晕检验,若第 5 次时色晕消失了,以后每次添加 2 mL 亚甲蓝溶液,仍继续每隔 1 min 进行一次色晕检验,直至色晕试验连续 5 min 为阳性,停止试验。

(3)记录吸附的亚甲蓝溶液体积 V',按公式 $MHV_K=V'/30$ 计算高岭石的亚甲蓝值。但是即使已知每种高岭石的亚甲蓝值 MHV_K,也应隔一段时间重新检测一次,以验证结果的稳定性。该方法也可用来检验新的亚甲蓝溶液是否合格。

考虑到细粉含量不足时,无法出现色晕,应该就可以说明该种细集料中膨胀性黏土成分十分得少,试验已经没有实用价值,所以本规程与国标一样,没有列入测试高岭石亚甲蓝值 MHV_K 的内容。

在 2002 年 5 月欧洲标准 CEN 13043"沥青路面用集料标准"规定当细集料或者集料混合料(公称最大粒径小于 8 mm)中的细粉含量(0.063 mm 部分)小于 3% 时,可以不作进一步要求;当细集料或者集料混合料中的细粉含量为 3%～10% 时,需按 EN 933-9 通过亚甲蓝试验确定 0～0.125 mm 中的有害物含量,通常要求 MHV_K 值不大于 10%;当细集料或者集料混合料中的细粉含量(0.063 mm 部分)大于 10% 时,需要检验 0.063 mm 以下部分是否满足矿粉的各项技术要求。

5.2　试验结果

"亚甲蓝试验的目的是确定细集料、细粉、矿粉中是否存在膨胀性黏土矿物并确定其含量的整体指标。它的试验原理是向集料与水搅拌制成的悬浊液中不断如入亚甲蓝溶液,每加入一定量的亚甲蓝溶液后,亚甲蓝为细集料中的粉料所吸附,用玻璃棒沾取少许悬浊液滴到滤纸上观察是否有游离的亚甲蓝放射出的浅蓝色色晕,判断集料对染料溶液的吸附情况。通过色晕试验,确定添加亚甲蓝染料的终点,直到该集料停止表面吸附。"[1]

为使采用的材料、试剂符合工程实际及试验的结果具有代表性、普遍性,本书采用不同产地的细集料、不同来源的饮用水、不同特性的滤纸、不同含量的土、不同龄期及产地的亚甲蓝分别进行亚甲蓝试验。

5.2.1　平行试验的结果

为保证试验结果的精确度,现行国家标准及各行业标准绝大多数试验方法要求至少进行两次平行试验,本书亚甲蓝法部分样品进行了平行试验,其中三分部石场 0～2.36 mm 人工砂与 YBK97＋000 土进行了样品 A、样品 B、样品 H 三次平行试验,三分部石场 0～0.15 mm 矿粉与 YBK97＋000 土进行了样品 C、样品 F 两次平行试验。

表 5-3 是 2013 年 5 月 8 日采用三分部石场 0～2.36 mm 人工砂、YBK97＋000 土、浙

---

① 摘自 2005 年版《集料试验规程》T0349 试验第 122 页的"条文说明"。

江中速定性滤纸、生产日期为 2013 年 3 月 9 日的天津亚甲蓝、自来水测定的不同含泥量样品的试验结果(以下简称样品 A,各个样品不同标准含泥量试样亚甲蓝吸附量的滴定过程,详见本书的附录)。

如果把样品 A 各个标准含泥量试样所加入的亚甲蓝总溶液量设定为 x,把相应的标准含泥量设定为 y,则 y 与 x 存在线性关系,其相关的线性回归方程式为 $y = 0.129x - 0.372$,两者的线性相关系数 $r = 0.9985$(以下各个样品试验结果括号内的 $y = bx + a$ 及 r,均为按照上述方法求得的各个样品的一元线性回归方程式及其相关系数)。

表 5-3 样品 A 的试验结果

样品编号	岩石类别	试样粒级/mm	试样质量/g	含泥量	加入亚甲蓝溶液量/g	MB 值/(g·kg^{-1})
A	石灰岩	0~2.36	200	0%	2	0.1
				1%	10	0.5
				2%	20	1.0
				3%	27	1.4
				4%	34	1.7
				5%	41	2.0
				6%	49	2.4

表 5-4 是 2013 年 5 月 12 日采用三分部石场 0~2.36 mm 人工砂、YBK97+000 土、浙江中速定性滤纸、生产日期为 2013 年 3 月 9 日的天津亚甲蓝、自来水测定的不同含泥量样品的试验结果(以下简称样品 B,$y = 0.133x - 0.667$,$r = 0.9979$)。

表 5-4 样品 B 的试验结果

样品编号	岩石类别	试样粒级/mm	试样质量/g	含泥量	加入亚甲蓝溶液量/g	MB 值/(g·kg^{-1})
B	石灰岩	0~2.36	200	0%	4	0.2
				1%	12	0.6
				2%	21	1.0
				3%	29	1.4
				4%	36	1.8
				5%	42	2.1
				6%	49	2.4

表 5-5 是 2013 年 6 月 8 日采用三分部石场 0~2.36 mm 人工砂、YBK97+000 土、浙江中速定性滤纸、生产日期为 2013 年 3 月 9 日的天津亚甲蓝、自来水测定的不同含泥量样品的试验结果(以下简称样品 H,$y = 0.127x - 0.302$,$r = 0.9979$)。

根据表 5-3—表 5-5 的试验结果可知,样品 A、样品 B、样品 H 各个含泥量试样三次平行试验所加入的亚甲蓝溶液量相差不大。

表 5-6 是 2013 年 5 月 15 日采用三分部石场 0~0.15 mm 矿粉、YBK97+000 土、浙江中速定性滤纸、生产日期为 2013 年 3 月 9 日的天津亚甲蓝、自来水测定的不同含泥量样品的试验结果(以下简称样品 C)。

表 5-5 样品 H 的试验结果

样品编号	岩石类别	试样粒级/mm	试样质量/g	含泥量	加入亚甲蓝溶液量/g	MB 值/(g·kg⁻¹)
H	石灰岩	0~2.36	200	0%	3	0.2
				1%	9	0.4
				2%	18	0.9
				3%	26	1.3
				4%	35	1.8
				5%	43	2.2
				6%	48	2.4

表 5-6 样品 C 的试验结果

样品编号	岩石类别	试样粒级/mm	试样质量/g	含泥量	加入亚甲蓝溶液量/g	MB 值/(g·kg⁻¹)
C	石灰岩	0~0.15	30	0%	2	0.7
				1%	4	1.2
				2%	5	1.7
				3%	6	2.0
				4%	7	2.3
				5%	8	2.7
				6%	9	3.0

表 5-7 是 2013 年 6 月 2 日采用三分部石场 0~0.15 mm 矿粉、YBK97＋000 土、浙江中速定性滤纸、生产日期为 2013 年 3 月 9 日的天津亚甲蓝、自来水测定的不同含泥量样品的试验结果(以下简称样品 F)。

表 5-7 样品 F 的试验结果

样品编号	岩石类别	试样粒级/mm	试样质量/g	含泥量	加入亚甲蓝溶液量/g	MB 值/(g·kg⁻¹)
F	石灰岩	0~0.15	30	0%	—	0.7
				1%	3	1.2
				2%	5	1.7
				3%	6	2.0
				4%	7	2.3
				5%	8	2.7
				6%	9	3.0

根据表 5-6、表 5-7 的试验结果可知,样品 C、样品 F 各个含泥量试样二次平行试验所加入的亚甲蓝溶液量几乎完全一致。

综上所述,无论是二次平行试验,还是三次平行试验,同一样品的试验结果非常接近,说明本试验的亚甲蓝法具有很好的重复性,故本书其他样品没有进行平行试验。

5.2.2 不同水质的差异

2011 年版《建设用砂》7.5 试验、2006 年版《砂石标准》6.11 试验、2003 年版《水泥路面技术规范》附录 B 试验配制亚甲蓝溶液的水及制备细集料悬浊液的水均为"蒸馏水",唯独2005 年版《集料试验规程》T0349 试验采用"洁净水",下面分别采用蒸馏水、桶装水、自来水进行亚甲蓝试验。

表 5-8 是采用三分部石场 0～2.36 mm 人工砂、YBK97＋000 土、辽宁中速定量滤纸、生产日期为 2013 年 3 月 9 日的天津亚甲蓝、自来水测定的不同含泥量样品的试验结果(以下简称样品 W, $y = 0.135x - 0.298$, $r = 0.999\,8$)。

表 5-8　样品 W 的试验结果

样品编号	岩石类别	试样粒级/mm	试样质量/g	含泥量	加入亚甲蓝溶液量/g	MB 值/$(g \cdot kg^{-1})$
W	石灰岩	0～2.36	200	0%	2	0.1
				1%	10	0.5
				2%	17	0.8
				3%	24	1.2
				4%	32	1.6
				5%	39	2.0
				6%	47	2.4

表 5-9 是采用三分部石场 0～2.36 mm 人工砂、YBK97＋000 土、辽宁中速定量滤纸、生产日期为 2013 年 3 月 9 日的天津亚甲蓝、桶装水测定的不同含泥量样品的试验结果(以下简称样品 X, $y = 0.141x - 0.404$, $r = 0.999\,8$)。

表 5-9　样品 X 的试验结果

样品编号	岩石类别	试样粒级/mm	试样质量/g	含泥量	加入亚甲蓝溶液量/g	MB 值/$(g \cdot kg^{-1})$
X	石灰岩	0～2.36	200	0%	3	0.2
				1%	10	0.5
				2%	17	0.8
				3%	24	1.2
				4%	31	1.6
				5%	38	1.8
				6%	46	2.2

表 5-10　样品 Z 的试验结果

样品编号	岩石类别	试样粒级/mm	试样质量/g	含泥量	加入亚甲蓝溶液量/g	MB 值/$(g \cdot kg^{-1})$
X	石灰岩	0～2.36	200	0%	3	0.2
				1%	11	0.6
				2%	19	1.0
				3%	28	1.4
				4%	35	1.8
				5%	42	2.1
				6%	48	2.4

表 5-10 是采用三分部石场 0～2.36 mm 人工砂、YBK97＋000 土、江苏快速定量滤纸、生产日期为 2013 年 3 月 9 日的天津亚甲蓝、蒸馏水测定的不同含泥量样品的试验结果(以下简称样品 Z,$y = 0.131x - 0.481$,$r = 0.998\,3$)。

根据表 5-8—表 5-10 的试验结果可知,无论是自来水,还是桶装水,或是蒸馏水,只要是洁净的水,对亚甲蓝试验的结果几乎没有任何的影响。

5.2.3　不同纸质的差异

2011 年版《建设用砂》7.5 试验、2003 年版《水泥路面技术规范》附录 B 试验采用"快速定量滤纸",2005 年版《集料试验规程》T0349 试验采用"定量滤纸",2006 年版《砂石标准》6.11 试验采用"快速滤纸",下面分别采用中速定性滤纸、中速定量滤纸、快速定量滤纸进行亚甲蓝试验。

表 5-11 是采用三分部石场 0～2.36 mm 人工砂、YBK97＋000 土、浙江中速定性滤纸、生产日期为 2013 年 3 月 9 日的天津亚甲蓝、自来水测定的不同含泥量样品的两次平行试验结果(以下简称样品 A、样品 B,表 5-11 中的"加入亚甲蓝溶液量",上面的数据为样品 A,下面的数据为样品 B,样品 A 与样品 B 的线性回归方程式为 $y = 0.131x - 0.518$,线性相关系数 $r = 0.998\,3$)。

表 5-11　样品 A、样品 B 的试验结果

样品编号	岩石类别	试样粒级/mm	试样质量/g	含泥量	加入亚甲蓝溶液量/g	平均亚甲蓝溶液量/g	MB 值/(g・kg^{-1})
A、B	石灰岩	0～2.36	200	0%	2	3	0.2
					4		
				1%	10	11	0.6
					12		
				2%	20	20.5	1.0
					21		
				3%	27	28	1.4
					29		
				4%	34	35	1.8
					36		
				5%	41	41.5	2.1
					42		
				6%	49	49	2.4
					49		

表 5-12 是采用三分部石场 0～2.36 mm 人工砂、YBK97＋000 土、辽宁中速定量滤纸、生产日期为 2013 年 3 月 9 日的天津亚甲蓝、自来水测定的不同含泥量样品的试验结果(以下简称样品 W,$y = 0.135x - 0.298$,$r = 0.999\,8$)。

表 5-12 样品 W 的试验结果

样品编号	岩石类别	试样粒级/mm	试样质量/g	含泥量	加入亚甲蓝溶液量/g	MB 值/(g·kg^{-1})
W	石灰岩	0~2.36	200	0%	2	0.1
				1%	10	0.5
				2%	17	0.8
				3%	24	1.2
				4%	32	1.6
				5%	39	2.0
				6%	47	2.4

表 5-13 是采用三分部石场 0~2.36 mm 人工砂、YBK97+000 土、江苏快速定量滤纸、生产日期为 2013 年 3 月 9 日的天津亚甲蓝、蒸馏水测定的不同含泥量样品的试验结果(以下简称样品 Z，$y = 0.131x - 0.481$，$r = 0.998\ 3$)。

表 5-13 样品 Z 的试验结果

样品编号	岩石类别	试样粒级/mm	试样质量/g	含泥量	加入亚甲蓝溶液量/g	MB 值/(g·kg^{-1})
Z	石灰岩	0~2.36	200	0%	3	0.2
				1%	11	0.6
				2%	19	1.0
				3%	28	1.4
				4%	35	1.8
				5%	42	2.1
				6%	48	2.4

根据表 5-11—表 5-13 的试验结果可知,无论是中速定性滤纸,还是中速定量滤纸,或是快速定量滤纸,对亚甲蓝试验的结果几乎没有任何影响。

虽然上述三种滤纸对亚甲蓝试验的结果并没有任何的影响,但是,或由于滤纸放置时间太久,或由于滤纸本身固有的特性,不同的滤纸对亚甲蓝试验形成直径 8~12 mm 的环状沉淀物却有不同的影响。

有的中速定性滤纸(如浙江中速定性滤纸),很容易在滤纸上形成直径 8~12 mm 的环状沉淀物,有的中速定性滤纸(如江苏中速定性滤纸),即使很小心也很难在滤纸上形成一个直径 8~12 mm 的环状沉淀物(图 5-2)。

而对定量滤纸而言,无论是中速定量滤纸(如辽宁中速定量滤纸)还是快速定量滤纸(如江苏快速定量滤纸),由于出厂时整张滤纸成波浪状,即使经过压力机静压,也很难把滤纸压成同一个水平面(图 5-3),故必须很小心才能在滤纸上形成直径 8~12 mm 的环状沉淀物。

图 5-2 江苏中速定性滤纸[①]

图 5-3 静压前与静压后的滤纸[②]

5.2.4 不同溶质的差异

现行国家标准及各行业标准只规定"亚甲蓝标准溶液保质期应不超过 28d",并没有规定亚甲蓝标准溶液亚甲蓝溶质的龄期(亚甲蓝的生产日期至亚甲蓝的使用日期,以下简称亚甲蓝的"龄期")不应超过多少天以及亚甲蓝是否允许受潮。

众所周知,刚出厂或新购买的亚甲蓝,绝大多数呈粉末状态,但是,如果亚甲蓝的龄期太长或保存方法不当,亚甲蓝粉末会受潮而结成浆糊状或圆柱体。

本书使用生产日期为 2013 年 3 月 9 日的天津亚甲蓝时,亚甲蓝呈粉末状,而生产日期为 2011 年 4 月 22 日的天津亚甲蓝,或由于龄期较长,或由于保存方法欠妥,2013 年 5 月份使用时已结成圆柱体,必须用小刀划破塑料瓶才能取出亚甲蓝,而生产日期为 2011 年 6 月 1 日的上海亚甲蓝,其龄期只是比生产日期为 2011 年 4 月 22 日的天津亚甲蓝少了一个多月,由于保存方法妥当,2013 年 5 月使用时仍呈粉末状。

---

① 2013 年 7 月 19 日进行样品 V 亚甲蓝试验时,首先采用直径为 125 mm 的江苏中速定性滤纸进行试验,共使用 7 张滤纸进行几十个液滴的色晕检测,结果没有几个液滴能在滤纸上形成直径 8～12 mm 的环状沉淀物,大多数沉淀物均为没有规律的向外扩散,最后改用直径为 150 mm 的浙江中速定性滤纸进行色晕检测。

② 图中左侧为静压前的滤纸,右侧为经过静压后的滤纸,采用压力机静压滤纸时,滤纸上下各垫几张复印纸,置压力机上加载至 100 kN,静压 1 min,右侧滤纸上凸起的圆点,为滤纸下面带孔垫块中的圆孔经过静压后留下的痕迹。

2013 年 6 月,本书使用生产日期为 2011 年 6 月 1 日的上海亚甲蓝时,亚甲蓝呈粉末状,取瓶内约一半的亚甲蓝粉末置温度为(70±5)℃的烘箱内,烘干至恒重后关掉电源,冷却至室温后欲进行亚甲蓝标准溶液的配制,由于当天有领导交办的事而未能及时配制亚甲蓝标准溶液,第二天发现烘干的亚甲蓝粉末已结成浆糊状,只能弃之不用,重新取剩下的亚甲蓝粉末烘干至恒重后进行亚甲蓝标准溶液的配制,由于只有一瓶生产日期为 2011 年 6 月 1 日的上海亚甲蓝,故只能配制 1 L 的亚甲蓝标准溶液。

因此,本书所说的"不同溶质",并非指亚甲蓝以外的溶质,而是特指亚甲蓝是否变质以及亚甲蓝龄期的长短。下面分别采用变质及不变质、不同龄期的亚甲蓝进行试验,分析不同溶质对亚甲蓝试验结果的影响。

5.2.4.1 不变质溶质的差异

表 5-14 是采用三分部石场 0~2.36 mm 人工砂、YBK97+000 土、浙江中速定性滤纸、生产日期为 2013 年 3 月 9 日的天津亚甲蓝、自来水测定的不同含泥量样品的两次平行试验结果(以下简称样品 A、样品 B,表中"加入亚甲蓝溶液量",上面的数据为样品 A,下面的数据为样品 B,$y = 0.131x - 0.518$,$r = 0.998\,3$)。

表 5-14　样品 A、样品 B 的试验结果

样品编号	岩石类别	试样粒级/mm	试样质量/g	含泥量	加入亚甲蓝溶液量/g	平均亚甲蓝溶液量/g	MB 值/(g·kg⁻¹)
A、B	石灰岩	0~2.36	200	0%	2 4	3	0.2
				1%	10 12	11	0.6
				2%	20 21	20.5	1.0
				3%	27 29	28	1.4
				4%	34 36	35	1.8
				5%	41 42	41.5	2.1
				6%	49 49	49	2.4

表 5-15 是采用三分部石场 0~2.36 mm 人工砂、YBK97+000 土、浙江中速定性滤纸、生产日期为 2013 年 3 月 9 日的与样品 A、样品 B 为同一批次不同瓶装的天津亚甲蓝、自来水测定的不同含泥量的样品的试验结果(以下简称样品 H,$y = 0.127x - 0.302$,$r = 0.997\,9$)。

表 5-16 是采用三分部石场 0~2.36 mm 人工砂、YBK97+000 土、浙江中速定性滤纸、生产日期为 2011 年 6 月 1 日的上海亚甲蓝、自来水测定的不同含泥量样品的两次平行试验结果(以下简称样品 G,$y = 0.128x - 0.237$,$r = 0.998\,2$)。

表 5-15　样品 H 的试验结果

样品编号	岩石类别	试样粒级/mm	试样质量/g	含泥量	加入亚甲蓝溶液量/g	MB 值/(g·kg^{-1})
H	石灰岩	0~2.36	200	0%	3	0.2
				1%	9	0.4
				2%	18	0.9
				3%	26	1.3
				4%	35	1.8
				5%	43	2.2
				6%	48	2.4

表 5-16　样品 G 的试验结果

样品编号	岩石类别	试样粒级/mm	试样质量/g	含泥量	加入亚甲蓝溶液量/g	MB 值/(g·kg^{-1})
G	石灰岩	0~2.36	200	0%	2	0.1
				1%	9	0.4
				2%	17	0.8
				3%	26	1.3
				4%	34	1.7
				5%	42	2.1
				6%	47	2.4

　　根据表 5-14—表 5-16 的试验结果可知,即使亚甲蓝的龄期相差接近两年,如果亚甲蓝没有受潮而结成浆糊状或圆柱体,亚甲蓝就不会变质,而且同一样品所加入的亚甲蓝标准溶液量基本一致。

　　因此,亚甲蓝的龄期即使很长,如果亚甲蓝不受潮,亚甲蓝就不会变质,也就不会对亚甲蓝试验的结果产生任何的影响。

5.2.4.2　变质溶质的差异

　　表 5-17 是采用三分部石场 0~2.36 mm 人工砂、YBK96+800 土、浙江中速定性滤纸、生产日期为 2013 年 3 月 9 日的天津亚甲蓝、自来水测定的不同含泥量样品的试验结果(以下简称样品 Q,$y=0.154x-0.564$,$r=0.9992$,表 5-17 中 0% 含泥量样品所加入的 3 g 亚甲蓝标准溶液量,为表 5-15 样品 H 中含泥量为零的试样所加入的亚甲蓝标准溶液量)。

表 5-17　样品 Q 的试验结果

样品编号	岩石类别	试样粒级/mm	试样质量/g	含泥量	加入亚甲蓝溶液量/g	MB 值/(g·kg^{-1})
Q	石灰岩	0~2.36	200	0%	3	0.2
				1%	10	0.5
				2%	17	0.8
				3%	24	1.2
				4%	30	1.5
				5%	36	1.8
				6%	42	2.1

表 5-18 是采用三分部石场 0～2.36 mm 人工砂、YBK96＋800 土、浙江中速定性滤纸、生产日期为 2011 年 4 月 22 日的天津亚甲蓝、自来水测定的不同含泥量样品的试验结果(以下简称样品 Q′,$y = 0.149x - 0.995$,$r = 0.998\,8$)。

表 5-18　样品 Q′ 的试验结果

样品编号	岩石类别	试样粒级/mm	试样质量/g	含泥量	加入亚甲蓝溶液量/g	MB 值/(g·kg⁻¹)
Q′	石灰岩	0～2.36	200	1%	13	0.6
				2%	20	1.0
				3%	27	1.4
				4%	34	1.7
				5%	41	2.0
				6%	46	2.3

根据表 5-17、表 5-18 的试验结果可知,对三分部石场 0～2.36 mm 人工砂、YBK96＋800 土而言,变质的亚甲蓝所加入的亚甲蓝标准溶液量,比没有变质的亚甲蓝所加入的亚甲蓝标准溶液量增大相近 5 g。

表 5-19 是采用枢纽石场 0～2.36 mm 人工砂、YBK97＋000 土、浙江中速定性滤纸、生产日期为 2011 年 6 月 1 日的上海亚甲蓝、自来水测定的不同含泥量样品的试验结果(以下简称样品 I,$y = 0.139x - 5.797$,$r = 0.996\,2$)。

表 5-19　样品 I 的试验结果

样品编号	岩石类别	试样粒级/mm	试样质量/g	含泥量	加入亚甲蓝溶液量/g	MB 值/(g·kg⁻¹)
I	辉绿岩	0～2.36	200	0%	40	2.0
				1%	50	2.5
				2%	57	2.8
				3%	65	3.2
				4%	70	3.5
				5%	76	3.8
				6%	85	4.2

表 5-20 是采用枢纽石场 0～2.36 mm 人工砂、YBK97＋000 土、浙江中速定性滤纸、生产日期为 2011 年 4 月 22 日的天津亚甲蓝、自来水测定的不同含泥量样品的试验结果(以下简称样品 J,$y = 0.116x - 4.954$,$r = 0.998\,2$)。

表 5-20　样品 J 的试验结果

样品编号	岩石类别	试样粒级/mm	试样质量/g	含泥量	加入亚甲蓝溶液量/g	MB 值/(g·kg⁻¹)
J	辉绿岩	0～2.36	200	0%	42	2.1
				1%	53	2.6
				2%	60	3.0
				3%	67	3.4
				4%	77	3.8
				5%	87	4.4
				6%	94	4.7

根据表 5-19、表 5-20 的试验结果可知,对枢纽石场 0～2.36 mm 人工砂、YBK97＋000

52

土而言,变质的亚甲蓝所加入的亚甲蓝标准溶液量,比没有变质的亚甲蓝所加入的亚甲蓝标准溶液量增大 9 g。

表 5-21 是采用三分部石场 0～2.36 mm 人工砂、YBK97＋000 土、浙江中速定性滤纸、生产日期为 2013 年 3 月 9 日的天津亚甲蓝、自来水测定的不同含泥量样品的两次平行试验结果(以下简称样品 A、样品 B,表中"加入亚甲蓝溶液量",上面的数据为样品 A,下面的数据为样品 B, $y = 0.131x - 0.518$, $r = 0.998\ 3$)。

表 5-21　样品 A、样品 B 的试验结果

样品编号	岩石类别	试样粒级/mm	试样质量/g	含泥量	加入亚甲蓝溶液量/g	平均亚甲蓝溶液量/g	MB 值/$(g \cdot kg^{-1})$
A、B	石灰岩	0～2.36	200	0%	2 / 4	3	0.2
				1%	10 / 12	11	0.6
				2%	20 / 21	20.5	1.0
				3%	27 / 29	28	1.4
				4%	34 / 36	35	1.8
				5%	41 / 42	41.5	2.1
				6%	49 / 49	49	2.4

表 5-22 是采用三分部石场 0～2.36 mm 人工砂、YBK97＋000 土、浙江中速定性滤纸、生产日期为 2011 年 4 月 22 日的天津亚甲蓝、自来水测定的不同含泥量的样品的试验结果(以下简称样品 AB′, $y = 0.105x - 0.175$, $r = 0.999\ 6$)。

表 5-22　样品 AB′ 的试验结果

样品编号	岩石类别	试样粒级/mm	试样质量/g	含泥量	加入亚甲蓝溶液量/g	MB 值/$(g \cdot kg^{-1})$
AB′	石灰岩	0～2.36	200	1%	12	0.6
				2%	20	1.0
				3%	30	1.5
				4%	40	2.0
				5%	49	2.4
				6%	59	3.0

根据表 5-21、表 5-22 的试验结果可知,对三分部石场 0～2.36 mm 人工砂、YBK97＋000 土而言,变质的亚甲蓝所加入的亚甲蓝标准溶液量,比没有变质的亚甲蓝所加入的亚甲蓝标准溶液量增大 10 g。

表 5-23 是采用西南石场 0～2.36 mm 人工砂、YBK97＋000 土、浙江中速定性滤纸、生产日期为 2013 年 3 月 9 日的天津亚甲蓝、自来水测定的不同含泥量样品的试验结果(以下简称样品 E，$y = 0.139x - 0.257$，$r = 0.999\,7$)。

表 5-23 样品 E 的试验结果

样品编号	岩石类别	试样粒级/mm	试样质量/g	含泥量	加入亚甲蓝溶液量/g	MB 值/(g·kg^{-1})
E	石灰岩	0～2.36	200	0%	2	0.1
				1%	9	0.4
				2%	16	0.8
				3%	24	1.2
				4%	30	1.5
				5%	38	1.9
				6%	45	2.2

表 5-24 是采用西南石场 0～2.36 mm 人工砂、YBK97＋000 土、浙江中速定性滤纸、生产日期为 2011 年 4 月 22 日的天津亚甲蓝、自来水测定的不同含泥量样品的试验结果(以下简称样品 E'，$y = 0.114x - 0.371$，$r = 0.999\,5$)。

表 5-24 样品 E' 的试验结果

样品编号	岩石类别	试样粒级/mm	试样质量/g	含泥量	加入亚甲蓝溶液量/g	MB 值/(g·kg^{-1})
E'	石灰岩	0～2.36	200	0%	3	0.2
				1%	12	0.6
				2%	22	1.1
				3%	29	1.4
				4%	38	1.9
				5%	47	2.4
				6%	56	2.8

根据表 5-23、表 5-24 的试验结果可知,对西南石场 0～2.36 mm 人工砂、YBK97＋000 土而言,变质的亚甲蓝所加入的亚甲蓝标准溶液量,比没有变质的亚甲蓝所加入的亚甲蓝标准溶液量增大 11 g。

综上所述,如果亚甲蓝因受潮而结成浆糊状或圆柱体,其所加入的亚甲蓝标准溶液量将比没有受潮的亚甲蓝增大许多,说明亚甲蓝受潮后会变质,从而对亚甲蓝试验的结果产生一定的影响。

5.2.5 不同石粉含量的差异

"亚甲蓝法对石粉的敏感性如何? 经试验证明,此方法对于纯石粉其测值是变化不大的"[①],主要原因是"亚甲蓝试验时,由于膨胀性黏土矿物具有极大的比表面,很容易吸附亚甲蓝染料,……细集料中的非黏土性矿物质颗粒的比表面相对要小得多(1～3 m^2/g),且并

---

① 摘自 2006 年版《砂石标准》第 96 页的"条文说明"第 3.1.5 条。

不吸收任何可见数量的染料"[1],事实是否果真如此?

确实,有的细集料中的非黏土性矿物质颗粒,几乎不吸附任何可见数量的染料。下面采用含泥量为零、石粉含量分别为1%与8%的人工砂进行亚甲蓝试验(石粉含量指细集料中粒径小于0.075 mm且其矿物组成和化学成分与被加工母岩石相同的颗粒含量。试样总质量为(200±0.1)g,样品各号筛的颗粒组成见表5-25)。

表 5-25　石粉含量为 1% 与 8% 的样品各号筛的颗粒组成

	筛孔尺寸/mm	2.36	1.18	0.60	0.30	0.15	0.075	<0.075
试样质量/g	1%石粉含量	62	48	24	32	16	16	2
	8%石粉含量	48	48	24	32	16	16	16

表5-26是采用三分部石场0~2.36 mm人工砂、浙江中速定性滤纸、生产日期为2011年6月1日的上海亚甲蓝、自来水测定的石粉含量分别为1%与8%的样品(以下简称样品P)的试验结果。

表 5-26　样品 P 的试验结果

样品编号	岩石类别	试样粒级/mm	试样质量/g	石粉含量	加入亚甲蓝溶液量/g	MB 值/$(g \cdot kg^{-1})$
P	石灰岩	0~2.36	200	1%	2	0.1
				8%	3	0.2

表5-27是采用三分部石场0~2.36 mm人工砂、浙江中速定性滤纸、生产日期为2011年4月22日的天津亚甲蓝、自来水测定的石粉含量分别为1%与8%的样品(以下简称样品P′)的试验结果。

表 5-27　样品 P′ 的试验结果

样品编号	岩石类别	试样粒级/mm	试样质量/g	石粉含量	加入亚甲蓝溶液量/g	MB 值/$(g \cdot kg^{-1})$
P′	石灰岩	0~2.36	200	1%	2	0.1
				8%	3	0.2

表5-28是采用泗梨石场0~2.36 mm人工砂、辽宁中性定量滤纸、生产日期为2013年3月9日的天津亚甲蓝、自来水测定的石粉含量分别为1%与8%的样品(以下简称样品 P_1)的试验结果。

表 5-28　样品 P_1 的试验结果

样品编号	岩石类别	试样粒级/mm	试样质量/g	石粉含量	加入亚甲蓝溶液量/g	MB 值/$(g \cdot kg^{-1})$
P_1	白云岩	0~2.36	200	1%	1	0
				8%	2	0.1

根据表5-26—表5-28的试验结果可知,有的人工砂(如样品P及样品P′),无论其含粉量为1%还是8%,无论亚甲蓝的龄期小于半年还是龄期超过两年半,非黏土性矿物质颗粒吸收的亚甲蓝标准溶液微不足道;有的人工砂(如样品 P_1),非黏土性矿物质颗粒吸收的亚

---

[1]　摘自 2005 年版《集料试验规程》T0349 试验第 122 页的"条文说明"。

甲蓝标准溶液可以忽略不计。

因此，某些"机制砂中掺入不同比例的石粉，亚甲蓝测定值变化不大，说明亚甲蓝对纯石粉不敏感"[1]。

但是，有的细集料中的非黏土性矿物质颗粒，将吸附非常多数量的染料。下表5-29是采用靖西0～2.36 mm锰矿砂、辽宁中性定量滤纸、生产日期为2013年3月9日的天津亚甲蓝、桶装水测定的石粉含量分别为1％与8％的样品（以下简称样品 P_3）的试验结果。

表5-29　样品 P_3 的试验结果

样品编号	岩石类别	试样粒级/mm	试样质量/g	石粉含量	加入亚甲蓝溶液量/g	MB 值/(g·kg⁻¹)
P_3	锰矿砂	0～2.36	200	1％	10	0.5
				8％	13	0.6

表5-30是采用枢纽石场0～2.36 mm人工砂、辽宁中性定量滤纸、生产日期为2013年3月9日的天津亚甲蓝、自来水测定的石粉含量分别为1％与8％的样品（以下简称样品 P_2）的试验结果。

表5-30　样品 P_2 的试验结果

样品编号	岩石类别	试样粒级/mm	试样质量/g	石粉含量	加入亚甲蓝溶液量/g	MB 值/(g·kg⁻¹)
P_2	辉绿岩	0～2.36	200	1％	32	1.6
				8％	48[2]	2.4
I	辉绿岩	0～2.36	200	8％	40	2.0
J				8％	42	2.1

根据表5-29、表5-30的试验结果可知，有的人工砂（如样品 P_3），当其石粉含量为1％时，非黏土性矿物质颗粒吸收了10 g的亚甲蓝标准溶液，当其石粉含量为8％时，非黏土性矿物质颗粒吸收了13 g的亚甲蓝标准溶液；有的人工砂（如样品 P_2），当其石粉含量为1％时，非黏土性矿物质颗粒吸收了32 g的亚甲蓝标准溶液，当其石粉含量为8％时，非黏土性矿物质颗粒吸收了40 g（42 g）的亚甲蓝标准溶液。

对枢纽石场0～2.36 mm人工砂而言，即使含泥量为零，无论其石粉含量为1％、还是8％，其亚甲蓝试验的结果均不合格。

综上所述，细集料中的非黏土性矿物质颗粒，或多或少吸收可见数量的染料，有的细集料可能吸收染料的数量少一些，有的细集料可能吸收染料的数量多一些，而且非黏土性矿物质颗粒吸收染料的数量，随着石粉含量的增大而增加。

因此，2005年版《集料试验规程》T0349试验第122页的"条文说明"所述"细集料中的非黏土性矿物质颗粒的比表面相对要小得多，且并不吸收任何可见数量的染料"是完全错误的。

---

[1]　摘自2006年版《砂石标准》第6.11条的"条文说明"。

[2]　根据表5-2可知，样品 P_2 石粉含量为8％的试样所加入的48 g亚甲蓝标准溶液，并非是该试样正常试验情况下实际消耗的亚甲蓝标准溶液量，故样品 P_2 石粉含量为8％的试样实际加入的亚甲蓝标准溶液量应为40 g或42 g。

5.2.6　不同石质的差异

根据本书第 5.2.5 节的试验结果可知,含泥量为零的不同石质所加入的亚甲蓝标准溶液量各不相同,下面分别采用不同来源的人工砂、河砂及同一来源的不同含量的泥进行亚甲蓝试验。

表 5-31 是采用西南石场 0～2.36 mm 人工砂、K14＋468 土、浙江中速定性滤纸、生产日期为 2013 年 3 月 9 日的天津亚甲蓝、自来水测定的不同含泥量的样品的试验结果(以下简称样品 M,$y = 0.227x - 0.208$,$r = 0.999\ 2$)。

表 5-31　样品 M 的试验结果

样品编号	岩石类别	试样粒级/mm	试样质量/g	含泥量	加入亚甲蓝溶液量/g	MB 值/(g·kg^{-1})
M	石灰岩	0～2.36	200	0%		
				1%	5%	0.2
				2%	10%	0.5
				3%	14%	0.7
				4%	19%	1.0
				5%	23%	1.2
				6%	27%	1.4

表 5-32 是采用泗梨石场 0～2.36 mm 人工砂、K14＋468 土、浙江中速定性滤纸、生产日期为 2011 年 4 月 22 日的天津亚甲蓝、自来水测定的不同含泥量的样品的试验结果(以下简称样品 N,$y = 0.243x - 0.576$,$r = 0.998\ 8$,表 5-32 中 0% 含泥量样品所加入的 2 g 亚甲蓝标准溶液量,为表 5-34 样品 D 中含泥量为零的样品所加入的亚甲蓝标准溶液量)。

表 5-32　样品 N 的试验结果

样品编号	岩石类别	试样粒级/mm	试样质量/g	含泥量	加入亚甲蓝溶液量/g	MB 值/(g·kg^{-1})
N	白云岩	0～2.36	200	0%	2	0.1
				1%	7	0.4
				2%	11	0.6
				3%	14	0.7
				4%	19	1.0
				5%	23	1.2
				6%	27	1.4

根据表 5-31、表 5-32 的试验结果可知,在含泥量相同(为方便阅读,下面均以含泥量为 6% 的样品进行比较)、泥的来源相同(K14＋468 土)的条件下,样品 M 所加入的亚甲蓝标准溶液量(27 g)与样品 N 所加入的亚甲蓝标准溶液量(27 g)完全相同。

表 5-33 是采用西南石场 0～2.36 mm 人工砂、YBK97＋000 土、浙江中速定性滤纸、生产日期为 2013 年 3 月 9 日的天津亚甲蓝、自来水测定的不同含泥量样品的试验结果(以下简称样品 E,$y = 0.139x - 0.257$,$r = 0.999\ 7$)。

表 5-33　样品 E 的试验结果

样品编号	岩石类别	试样粒级/mm	试样质量/g	含泥量	加入亚甲蓝溶液量/g	MB 值/(g·kg⁻¹)
E	石灰岩	0~2.36	200	0%	2	0.1
				1%	9	0.4
				2%	16	0.8
				3%	24	1.2
				4%	30	1.5
				5%	38	1.9
				6%	45	2.2

表 5-34 是采用泗梨石场 0~2.36 mm 人工砂、YBK97+000 土、浙江中速定性滤纸、生产日期为 2013 年 3 月 9 日的天津亚甲蓝、自来水测定的不同含泥量样品的试验结果（以下简称样品 D，$y = 0.136x - 0.225$，$r = 0.999\ 2$）。

表 5-34　样品 D 的试验结果

样品编号	岩石类别	试样粒级/mm	试样质量/g	含泥量	加入亚甲蓝溶液量/g	MB 值/(g·kg⁻¹)
D	白云岩	0~2.36	200	0%	2	0.1
				1%	9	0.4
				2%	17	0.8
				3%	23	1.2
				4%	30	1.5
				5%	39	2.0
				6%	46	2.3

表 5-35 是采用三分部石场 0~2.36 mm 人工砂、YBK97+000 土、浙江中速定性滤纸、生产日期为 2013 年 3 月 9 日的天津亚甲蓝、自来水测定的不同含泥量样品的两次平行试验结果（以下简称样品 A、样品 B，表中"加入亚甲蓝溶液量"，上面的数据为样品 A，下面的数据为样品 B，$y = 0.131x - 0.518$，$r = 0.998\ 3$）。

表 5-35　样品 A、样品 B 的试验结果

样品编号	岩石类别	试样粒级/mm	试样质量/g	含泥量	加入亚甲蓝溶液量/g	平均亚甲蓝溶液量/g	MB 值/(g·kg⁻¹)
A、B	石灰岩	0~2.36	200	0%	2	3	0.2
					4		
				1%	10	11	0.6
					12		
				2%	20	20.5	1.0
					21		
				3%	27	28	1.4
					29		

续表

样品编号	岩石类别	试样粒级/mm	试样质量/g	含泥量	加入亚甲蓝溶液量/g	平均亚甲蓝溶液量/g	MB 值/(g·kg⁻¹)
A、B	石灰岩	0～2.36	200	4％	34	35	1.8
					36		
				5％	41	41.5	2.1
					42		
				6％	49	49	2.4
					49		

表 5-36 是采用靖西 0～2.36 mm 锰矿砂、YBK97＋000 土、浙江中速定性滤纸、生产日期为 2013 年 3 月 9 日的天津亚甲蓝、自来水测定的不同含泥量样品的试验结果（以下简称样品 S，$y = 0.154x - 2.258$，$r = 0.999\,2$）。

表 5-36　样品 S 的试验结果

样品编号	岩石类别	试样粒级/mm	试样质量/g	含泥量	加入亚甲蓝溶液量/g	MB 值/(g·kg⁻¹)
S	锰矿砂	0～2.36	200	0％	14	0.7
				1％	21	1.0
				2％	28	1.4
				3％	35	1.8
				4％	41	2.0
				5％	47	2.4
				6％	53	2.6

表 5-37 是采用崇左 0～2.36 mm 河砂、YBK97＋000 土、浙江中速定性滤纸、生产日期为 2013 年 3 月 9 日的天津亚甲蓝、自来水测定的不同含泥量样品的试验结果（以下简称样品 U，$y = 0.141x - 2.660$，$r = 0.999\,8$）。

表 5-37　样品 U 的试验结果

样品编号	岩石类别	试样粒级/mm	试样质量/g	含泥量	加入亚甲蓝溶液量/g	MB 值/(g·kg⁻¹)
U	河砂	0～2.36	200	0％	19	1.0
				1％	26	1.3
				2％	33	1.6
				3％	40	2.0
				4％	47	2.4
				5％	54	2.7
				6％	62	3.1

根据表 5-33—表 5-37 的试验结果可知，在含泥量相同（6％含泥量）、泥的来源相同（YBK97＋000 土）、亚甲蓝标准溶液的溶质相同（生产日期为 2013 年 3 月 9 日的天津亚甲蓝）的条件下，样品 E 所加入的亚甲蓝标准溶液量（45 g）与样品 D 所加入的亚甲蓝标准溶液量（46 g）几乎一样，样品 A 与样品 B 所加入的亚甲蓝标准溶液量（49 g）比样品 E 所加入

的亚甲蓝标准溶液量多了相近 5 g,样品 S 所加入的亚甲蓝标准溶液量(53 g)比样品 E 所加入的亚甲蓝标准溶液量多了相近 10 g,样品 U 所加入的亚甲蓝标准溶液量(62 g)比样品 E 所加入的亚甲蓝标准溶液量超过 15 g。

如果分别与样品 M 进行比较,样品 E(45 g)与样品 D(46 g)所加入的亚甲蓝标准溶液量,比样品 M 所加入的亚甲蓝标准溶液量(27 g)多了相近 20 g,样品 A 与样品 B 所加入的亚甲蓝标准溶液量(49 g),比样品 M 所加入的亚甲蓝标准溶液量多了 22 g,样品 S 所加入的亚甲蓝标准溶液量(53 g),比样品 M 所加入的亚甲蓝标准溶液量多了 26 g,样品 U 所加入的亚甲蓝标准溶液量(62 g),比样品 M 所加入的亚甲蓝标准溶液量多了 35 g。

表 5-38 是采用弄猴石场 0~2.36 mm 人工砂、YBK97+000 土、浙江中速定性滤纸、生产日期为 2011 年 4 月 22 日的天津亚甲蓝、自来水测定的不同含泥量样品的试验结果(以下简称样品 T,$y = 0.141x - 4.433$,$r = 0.999\,6$)。

表 5-38　样品 T 的试验结果

样品编号	岩石类别	试样粒级/mm	试样质量/g	含泥量	加入亚甲蓝溶液量/g	MB 值/(g·kg^{-1})
T	石灰岩	0~2.36	200	0%	32	1.6
				1%	38	1.9
				2%	45	2.2
				3%	53	2.6
				4%	60	3.0
				5%	67	3.4
				6%	74	3.7

表 5-39 是采用枢纽石场 0~2.36 mm 人工砂、YBK97+000 土、浙江中速定性滤纸、生产日期为 2011 年 4 月 22 日的天津亚甲蓝、自来水测定的不同含泥量样品的两次平行试验结果(以下简称样品 J,$y = 0.116x - 4.954$,$r = 0.998\,2$)。

表 5-39　样品 J 的试验结果

样品编号	岩石类别	试样粒级/mm	试样质量/g	含泥量	加入亚甲蓝溶液量/g	平均亚甲蓝溶液量/g	MB 值/(g·kg^{-1})
J	辉绿岩	0~2.36	200	0%	42 / 42	42	2.1
				1%	53 / 53	53	2.6
				2%	60 / 60	60	3.0
				3%	67 / 67	67	3.4
				4%	77 / 77	77	3.8
				5%	87 / 87	87	4.4
				6%	94 / 94	94	4.7

　　根据表5-38、表5-39的试验结果可知,在含泥量相同(6%含泥量)、泥的来源相同(YBK97＋000 土)、亚甲蓝标准溶液的溶质相同(生产日期为2011年4月22日的天津亚甲蓝)的条件下,样品 T 所加入的亚甲蓝标准溶液量为74 g,样品 J 所加入的亚甲蓝标准溶液量为94 g,后者比前者整整多了20 g。

　　如果样品 T、样品 J 分别与样品 M 进行比较,样品 T 所加入的亚甲蓝标准溶液量(74 g)比样品 M 所加入的亚甲蓝标准溶液量(27 g)多了将近50 g,样品 J 所加入的亚甲蓝标准溶液量(94 g)比样品 D 所加入的亚甲蓝标准溶液量多了将近70 g。

　　综上所述,即使土质及亚甲蓝标准溶液的溶质完全相同,对不同来源的人工砂及河砂而言,有的人工砂或河砂所加入的亚甲蓝标准溶液量相差不大,有的人工砂或河砂所加入的亚甲蓝标准溶液量相差甚远。

5.2.7　不同土质的差异

　　由于不同土质所处的环境及其成因各不相同,因此,不同的土质具有不同的特性,下面分别采用同一来源的人工砂、河砂及不同来源的土质进行亚甲蓝试验。

　　表5-40是采用靖西0～2.36 mm 锰矿砂、YBK97＋000 土、浙江中速定性滤纸、生产日期为2013年3月9日的天津亚甲蓝、自来水测定的不同含泥量的样品的试验结果(以下简称样品 S,$y = 0.154x - 2.258$,$r = 0.999\ 2$)。

表5-40　样品 S 的试验结果

样品编号	岩石类别	试样粒级/mm	试样质量/g	含泥量	加入亚甲蓝溶液量/g	MB 值/(g·kg^{-1})
S	锰矿砂	0～2.36	200	0%	14	0.7
				1%	21	1.0
				2%	28	1.4
				3%	35	1.8
				4%	41	2.0
				5%	47	2.4
				6%	53	2.6

　　表5-41是采用靖西0～2.36 mm 锰矿砂、YBK96＋800 土、江苏中速定性滤纸及浙江中速定性滤纸、生产日期为2013年3月9日的天津亚甲蓝、自来水测定的不同含泥量的样品的试验结果(以下简称样品 V,$y = 0.149x - 1.896$,$r = 0.999\ 8$)。

表5-41　样品 V 的试验结果

样品编号	岩石类别	试样粒级/mm	试样质量/g	含泥量	加入亚甲蓝溶液量/g	MB 值/(g·kg^{-1})
V	锰矿砂	0～2.36	200	0%	13	0.6
				1%	19	1.0
				2%	26	1.3
				3%	33	1.6
				4%	40	2.0
				5%	46	2.3
				6%	53	2.6

　　根据表 5-40、表 5-41 的试验结果可知,对靖西 0～2.36 mm 矿砂而言,在样品含泥量相同的条件下(为方便阅读,下面均以含泥量为 6% 的样品进行比较),两种不同来源的泥所加入的亚甲蓝标准溶液量完全一致。

　　表 5-42 是采用弄猴石场 0～2.36 mm 人工砂、YBK97＋000 土、浙江中速定性滤纸、生产日期为 2011 年 4 月 22 日的天津亚甲蓝、自来水测定的不同含泥量的样品的试验结果(以下简称样品 T, $y = 0.141x - 4.433$, $r = 0.999\,6$)。

表 5-42　样品 T 的试验结果

样品编号	岩石类别	试样粒级/mm	试样质量/g	含泥量	加入亚甲蓝溶液量/g	MB 值/(g·kg^{-1})
T	石灰岩	0～2.36	200	0%	32	1.6
				1%	38	1.9
				2%	45	2.2
				3%	53	2.6
				4%	60	3.0
				5%	67	3.4
				6%	74	3.7

　　表 5-43 是采用弄猴石场 0～2.36 mm 人工砂、YBK96＋800 土、浙江中速定性滤纸、生产日期为 2013 年 3 月 9 日的天津亚甲蓝、自来水测定的不同含泥量的样品的试验结果(以下简称样品 R, $y = 0.129x - 3.303$, $r = 0.999\,2$)。

表 5-43　样品 R 的试验结果

样品编号	岩石类别	试样粒级/mm	试样质量/g	含泥量	加入亚甲蓝溶液量/g	MB 值/(g·kg^{-1})
R	石灰岩	0～2.36	200	0%	26	1.3
				1%	34	1.7
				2%	41	2.0
				3%	48	2.4
				4%	56	2.8
				5%	64	3.2
				6%	73	3.6

　　根据表 5-42、表 5-43 的试验结果可知,对弄猴石场 0～2.36 mm 人工砂而言,在样品含泥量相同的条件下,两种不同来源的泥所加入的亚甲蓝标准溶液量相差不大。

　　表 5-44 是采用西南石场 0～2.36 mm 人工砂、K14＋468 土、浙江中速定性滤纸、生产日期为 2013 年 3 月 9 日的天津亚甲蓝、自来水测定的不同含泥量的样品的试验结果(以下简称样品 M, $y = 0.233x - 0.329$, $r = 0.998\,9$,表 5-44 中 0% 含泥量样品所加入的 2 g 亚甲蓝标准溶液量,为表 5-45 样品 E 中含泥量为零的样品所加入的亚甲蓝标准溶液量)。

表 5-44 样品 M 的试验结果

样品编号	岩石类别	试样粒级/mm	试样质量/g	含泥量	加入亚甲蓝溶液量/g	MB 值/(g·kg⁻¹)
M	石灰岩	0~2.36	200	0%	2	0.1
				1%	5	0.2
				2%	10	0.5
				3%	14	0.7
				4%	19	1.0
				5%	23	1.2
				6%	27	1.4

表 5-45 是采用西南石场 0~2.36 mm 人工砂、YBK97+000 土、浙江中速定性滤纸、生产日期为 2013 年 3 月 9 日的天津亚甲蓝、自来水测定的不同含泥量样品的试验结果(以下简称样品 E，$y = 0.139x - 0.257, r = 0.9997$)。

表 5-45 样品 E 的试验结果

样品编号	岩石类别	试样粒级/mm	试样质量/g	含泥量	加入亚甲蓝溶液量/g	MB 值/(g·kg⁻¹)
E	石灰岩	0~2.36	200	0%	2	0.1
				1%	9	0.4
				2%	16	0.8
				3%	24	1.2
				4%	30	1.5
				5%	38	1.9
				6%	45	2.2

根据表 5-44、表 5-45 的试验结果可知,对西南石场 0~2.36 mm 人工砂而言,在样品含泥量相同的条件下,两种不同来源的泥所加入的亚甲蓝标准溶液量各不相同,样品 E 所加入的亚甲蓝标准溶液量比样品 M 所加入的亚甲蓝标准溶液量多了 18 g。

对样品 N 而言,即使该样品的含泥量达到 6%,其所加入的亚甲蓝标准溶液量仅为 27 g,该样品 N 亚甲蓝试验的结果也能判定合格($MB = 27/200 \times 10 = 1.35 \approx 1.4$ g/kg)。

表 5-46 是采用泗梨石场 0~2.36 mm 人工砂、K14+468 土、浙江中速定性滤纸、生产日期为 2011 年 4 月 22 日的天津亚甲蓝、自来水测定的不同含泥量的样品的试验结果(以下简称样品 N，$y = 0.243x - 0.576, r = 0.9988$,表 5-46 中 0% 含泥量样品所加入的 2 g 亚甲蓝标准溶液量,为表 5-47 样品 D 中含泥量为零的样品所加入的亚甲蓝标准溶液量)。

表 5-46 样品 N 的试验结果

样品编号	岩石类别	试样粒级/mm	试样质量/g	含泥量	加入亚甲蓝溶液量/g	MB 值/(g·kg⁻¹)
N	白云岩	0~2.36	200	0%	2	0.1
				1%	7	0.4
				2%	11	0.6
				3%	14	0.7
				4%	19	1.0

（续表）

样品编号	岩石类别	试样粒级/mm	试样质量/g	含泥量	加入亚甲蓝溶液量/g	MB 值/(g·kg^{-1})
N	白云岩	0～2.36	200	5%	23	1.2
				6%	27	1.4

表 5-47 是采用泗梨石场 0～2.36 mm 人工砂、YBK97＋000 土、浙江中速定性滤纸、生产日期为 2013 年 3 月 9 日的天津亚甲蓝、自来水测定的不同含泥量样品的试验结果（以下简称样品 D，$y = 0.136x - 0.225$，$r = 0.999\ 2$）。

表 5-47　样品 D 的试验结果

样品编号	岩石类别	试样粒级/mm	试样质量/g	含泥量	加入亚甲蓝溶液量/g	MB 值/(g·kg^{-1})
D	白云岩	0～2.36	200	0%	2	0.1
				1%	9	0.4
				2%	17	0.8
				3%	23	1.2
				4%	30	1.5
				5%	39	2.0
				6%	46	2.3

根据表 5-46、表 5-47 的试验结果可知，对泗梨石场 0～2.36 mm 人工砂而言，在样品含泥量相同的条件下，两种不同来源的泥所加入的亚甲蓝标准溶液量各不相同，样品 D 所加入的亚甲蓝标准溶液量比样品 N 所加入的亚甲蓝标准溶液量多了 19 g。

对样品 N 而言，即使该样品的含泥量达到 6%，其所加入的亚甲蓝标准溶液量仅为 27 g，该样品 N 亚甲蓝试验的结果也能判定合格（$MB = 27/200 \times 10 = 1.35 \approx 1.4$ g/kg）。

表 5-48 是采用三分部石场 0～2.36 mm 人工砂、K14＋468 土、浙江中速定性滤纸、生产日期为 2013 年 3 月 9 日的天津亚甲蓝、自来水测定的不同含泥量的样品的试验结果（以下简称样品 K，$y = 0.229x - 0.500$，$r = 0.998\ 3$，表 5-48 中 0% 含泥量样品所加入的 3 g 亚甲蓝标准溶液量，为表 5-49 样品 H 中含泥量为零的样品所加入的亚甲蓝标准溶液量）。

表 5-48　样品 K 的试验结果

样品编号	岩石类别	试样粒级/mm	试样质量/g	含泥量	加入亚甲蓝溶液量/g	MB 值/(g·kg^{-1})
K	石灰岩	0～2.36	200	0%	3	0.2
				1%	6	0.3
				2%	11	0.6
				3%	15	0.8
				4%	19	1.0
				5%	24	1.2
				6%	29	1.4

表 5-49 是采用三分部石场 0～2.36 mm 人工砂、YBK97＋000 土、浙江中速定性滤纸、生产日期为 2013 年 3 月 9 日的天津亚甲蓝、自来水测定的不同含泥量的样品的试验结果（以下简称样品 H，$y = 0.127x - 0.302$，$r = 0.997\ 9$）。

表 5-49　样品 H 的试验结果

样品编号	岩石类别	试样粒级/mm	试样质量/g	含泥量	加入亚甲蓝溶液量/g	MB 值/(g·kg⁻¹)
H	石灰岩	0～2.36	200	0%	3	0.2
				1%	9	0.4
				2%	18	0.9
				3%	26	1.3
				4%	35	1.8
				5%	43	2.2
				6%	48	2.4

表 5-50 是采用三分部石场 0～2.36 mm 人工砂、AK0＋340 土、浙江中速定性滤纸、生产日期为 2013 年 3 月 9 日的天津亚甲蓝、自来水测定的不同含泥量的样品的试验结果(以下简称样品 L，$y = 0.082x - 0.315$，$r = 0.999\,0$)。

表 5-50　样品 L 的试验结果

样品编号	岩石类别	试样粒级/mm	试样质量/g	含泥量	加入亚甲蓝溶液量/g	MB 值/(g·kg⁻¹)
L	石灰岩	0～2.36	200	0%	3	0.2
				1%	16	0.8
				2%	28	1.4
				3%	41	2.0
				4%	54	2.7
				5%	66	3.3
				6%	75	3.8

根据表 5-48—表 5-50 的试验结果可知，对三分部石场 0～2.36 mm 人工砂而言，在样品含泥量相同的条件下，三种不同来源的泥所加入的亚甲蓝标准溶液量各不相同。

样品 H 所加入的亚甲蓝标准溶液量比样品 K 所加入的亚甲蓝标准溶液量多了 19 g，样品 L 所加入的亚甲蓝标准溶液量比样品 K 所加入的亚甲蓝标准溶液量多了 46 g，样品 L 所加入的亚甲蓝标准溶液量是样品 K 的两倍半。

对样品 K 而言，即使该样品的含泥量达到 6%，其所加入的亚甲蓝标准溶液量仅为 29 g，该样品 K 亚甲蓝试验的结果也能判定合格($MB = 29/200 \times 10 = 1.45 \approx 1.4$ g/kg)。

综上所述，即使石质及亚甲蓝标准溶液的溶质完全相同，对不同来源的土质而言，有的土质所加入的亚甲蓝标准溶液量相差不大，有的土质所加入的亚甲蓝标准溶液量相差甚远，而且对某些土质而言，即使其含泥量达到 6%，亚甲蓝试验的结果也能判定合格。

5.2.8　不同粒级的差异

"小于 0.15 mm 粒径部分的亚甲蓝值 MBV_F 的测定"是 2005 年版《集料试验规程》特有的试验方法，为比较 0～2.36 mm 粒级 200 g 人工砂与 0～0.15 mm 粒级 30 g 矿粉的亚甲蓝值，本书在相同的试验条件下，分别采用同一料源、同一批次 0～2.36 mm 粒级 200 g 人工砂与 0～0.15 mm 粒级 30 g 矿粉进行亚甲蓝试验(200 g 人工砂标准样品各号筛的颗粒组成见表 5-1，30 g 矿粉标准样品各号筛的颗粒组成见表 5-51)。

表 5-51 30 g 矿粉标准样品各号筛的颗粒组成

筛孔尺寸/mm	筛余质量/g 含泥量						
	0%	1%	2%	3%	4%	5%	6%
0.075(矿粉)	10	10	10	10	10	10	10
<0.075(矿粉)	20	19.7	19.4	19.1	18.8	18.5	18.2
<0.075(泥)	0	0.3	0.6	0.9	1.2	1.5	1.8

表 5-52 是采用三分部石场 0～2.36 mm 人工砂、YBK97＋000 土、浙江中速定性滤纸、生产日期为 2013 年 3 月 9 日的天津亚甲蓝、自来水测定的不同含泥量的样品的试验结果（以下简称样品 H，$y = 0.127x - 0.302$，$r = 0.9979$）。

表 5-52 样品 H 的试验结果

样品编号	岩石类别	试样粒级/mm	试样质量/g	含泥量	加入亚甲蓝溶液量/g	MB 值/(g·kg⁻¹)
H	石灰岩	0～2.36	200	0%	3	0.2
				1%	9	0.4
				2%	18	0.9
				3%	26	1.3
				4%	35	1.8
				5%	43	2.2
				6%	48	2.4

表 5-53 是采用三分部石场 0～0.15 mm 矿粉、YBK97＋000 土、浙江中速定性滤纸、生产日期为 2013 年 3 月 9 日的天津亚甲蓝、自来水测定的不同含泥量样品的两次平行试验结果（以下简称样品 C、样品 F，表中"加入亚甲蓝溶液量"，上面的数据为样品 C，下面的数据为样品 F）。

表 5-53 样品 C、样品 F 的试验结果

样品编号	岩石类别	试样粒级/mm	试样质量/g	含泥量	加入亚甲蓝溶液量/g	平均亚甲蓝溶液量/g	MB 值/(g·kg⁻¹)
C、F	石灰岩	0～0.15	30	0%	2 / —	2	0.7
				1%	4 / 3	3.5	1.2
				2%	5 / 5	5	1.7
				3%	6 / 6	6	2.0
				4%	7 / 7	7	2.3
				5%	8 / 8	8	2.7
				6%	9 / 9	9	3.0

根据表 5-52、表 5-53 的试验结果可知,对三分部石场细集料、YBK97＋000 土而言,同一含泥量的 0～0.15 mm 粒级 30 g 矿粉所测定的亚甲蓝值,比 0～2.36 mm 粒级 200 g 人工砂所测定的亚甲蓝值大 0.5～0.6 g/kg。

表 5-54 是采用三分部石场 0～2.36 mm 人工砂、K14＋468 土、浙江中速定性滤纸、生产日期为 2013 年 3 月 9 日的天津亚甲蓝、自来水测定的不同含泥量的样品的试验结果(以下简称样品 K,$y = 0.229x - 0.500$,$r = 0.998\,3$,表 5-54 中 0% 含泥量样品所加入的 3 g 亚甲蓝标准溶液量,为表 5-49 样品 H 中含泥量为零的样品所加入的亚甲蓝标准溶液量)。

表 5-54　样品 K 的试验结果

样品编号	岩石类别	试样粒级/mm	试样质量/g	含泥量	加入亚甲蓝溶液量/g	MB 值/(g·kg^{-1})
K	石灰岩	0～2.36	200	0%	3	0.2
				1%	6	0.3
				2%	11	0.6
				3%	15	0.8
				4%	19	1.0
				5%	24	1.2
				6%	29	1.4

表 5-55 是采用三分部石场 0～0.15 mm 矿粉、K14＋468 土、浙江中速定性滤纸、生产日期为 2013 年 3 月 9 日的天津亚甲蓝、自来水测定的不同含泥量的样品(以下简称样品 O)的试验结果。

表 5-55　样品 O 的试验结果

样品编号	岩石类别	试样粒级/mm	试样质量/g	含泥量	加入亚甲蓝溶液量/g	MB 值/(g·kg^{-1})
O	石灰岩	0～0.15	30	0%	—	—
				1%	2	0.7
				2%	3	1.0
				3%	4	1.3
				4%	5	1.7
				5%	6	2.0
				6%	7	2.3

根据表 5-54、表 5-55 的试验结果可知,对三分部石场细集料、K14＋468 土而言,同一含泥量的 0～0.15 mm 粒级 30 g 矿粉所测定的亚甲蓝值,比 0～2.36 mm 粒级 200 g 人工砂所测定的亚甲蓝值大 0.4～0.9 g/kg。

表 5-56 是采用靖西 0～2.36 mm 锰矿砂、YBK96＋800 土、江苏中速定性滤纸及浙江中速定性滤纸、生产日期为 2013 年 3 月 9 日的天津亚甲蓝、自来水测定的不同含泥量的样品的试验结果(以下简称样品 V,$y = 0.149x - 1.896$,$r = 0.999\,8$)。

表 5-56　样品 V 的试验结果

样品编号	岩石类别	试样粒级/mm	试样质量/g	含泥量	加入亚甲蓝溶液量/g	MB 值/(g·kg⁻¹)
V	锰矿砂	0~2.36	200	0%	13	0.6
				1%	19	1.0
				2%	26	1.3
				3%	33	1.6
				4%	40	2.0
				5%	46	2.3
				6%	53	2.6

　　表 5-57 是采用靖西 0~0.15 mm 锰矿粉、YBK96＋800 土、辽宁中速定量滤纸、生产日期为 2013 年 3 月 9 日的天津亚甲蓝、自来水测定的不同含泥量的样品（以下简称样品 Y）的试验结果。

表 5-57　样品 Y 的试验结果

样品编号	岩石类别	试样粒级/mm	试样质量/g	含泥量	加入亚甲蓝溶液量/g	MB 值/(g·kg⁻¹)
Y	锰矿砂	0~0.15	30	0%	5	1.7
				1%	6	2.0
				2%	7	2.3
				3%	8	2.7
				4%	9	3.0
				5%	10	3.3
				6%	11	3.7

　　根据表 5-56、表 5-57 的试验结果可知，对靖西锰矿砂、YBK96＋800 土而言，同一含泥量的 0~0.15 mm 粒级 30 g 矿粉所测定的亚甲蓝值，比 0~2.36 mm 粒级 200 g 人工砂所测定的亚甲蓝值大 1.0~1.1 g/kg。

　　对靖西矿砂 0~0.15 mm 粒级 30 g 矿粉、YBK96＋800 土而言，即使样品 Y 的含泥量为零，该样品所测定的亚甲蓝值也大于 1.4 g/kg，也就是说，即使样品 Y 的含泥量为零，该样品亚甲蓝试验的结果也判定为不合格。

　　表 5-58 是采用弄猴石场 0~2.36 mm 人工砂、YBK96＋800 土、浙江中速定性滤纸、生产日期为 2013 年 3 月 9 日的天津亚甲蓝、自来水测定的不同含泥量的样品的试验结果（以下简称样品 R，$y = 0.129x - 3.303$，$r = 0.999\ 2$）。

表 5-58　样品 R 的试验结果

样品编号	岩石类别	试样粒级/mm	试样质量/g	含泥量	加入亚甲蓝溶液量/g	MB 值/(g·kg⁻¹)
R	石灰岩	0~2.36	200	0%	26	1.3
				1%	34	1.7
				2%	41	2.0
				3%	48	2.4
				4%	56	2.8

（续表）

样品编号	岩石类别	试样粒级/mm	试样质量/g	含泥量	加入亚甲蓝溶液量/g	MB 值/(g·kg⁻¹)
R	石灰岩	0～2.36	200	5%	64	3.2
				6%	73	3.6

表 5-59 是采用弄猴石场 0～0.15 mm 矿粉、YBK96＋800 土、辽宁中速定量滤纸、生产日期为 2013 年 3 月 9 日的天津亚甲蓝、自来水测定的不同含泥量的样品（以下简称样品 Y₁）的试验结果。

表 5-59　样品 Y₁ 的试验结果

样品编号	岩石类别	试样粒级/mm	试样质量/g	含泥量	加入亚甲蓝溶液量/g	MB 值/(g·kg⁻¹)
Y₁	石灰岩	0～0.15	30	0%	11	3.7
				1%	12	4.0
				2%	14	4.7
				3%	15	5.0
				4%	16	5.3
				5%	17	5.7
				6%	18	6.0

根据表 5-58、表 5-59 的试验结果可知，对弄猴石场细集料、YBK96＋800 土而言，同一含泥量的 0～0.15 mm 粒级 30 g 矿粉所测定的亚甲蓝值，比 0～2.36 mm 粒级 200 g 人工砂所测定的亚甲蓝值大 2.3～2.7 g/kg，而且，即使样品 Y₁ 的含泥量为零，该样品所测定的亚甲蓝值要比含泥量为 6% 的样品 R 大 0.1 g/kg。

对弄猴石场 0～0.15 mm 粒级 30 g 矿粉、YBK96＋800 土而言，即使样品 Y₁ 的含泥量为零，该样品所测定的亚甲蓝值也远远大于 1.4 g/kg，也就是说，即使样品 Y₁ 的含泥量为零，该样品亚甲蓝试验的结果也判定为不合格。

综上所述，不同粒级的细集料所测定的亚甲蓝值有着很大的差异，粒级越大，所测定的亚甲蓝值越小，粒级越小，所测定的亚甲蓝值越大，因而 0～0.15 mm 粒级 30 g 矿粉所测定的亚甲蓝值，远大于粒级 0～2.36 mm 人工砂 200 g 所测定的亚甲蓝值。

5.3　原因分析

根据本书第 5 章第 5.1 节"试验方法"分析各版本亚甲蓝法试验的"目的"可知，2011 年版《建设用砂》、2006 年版《砂石标准》、2003 年版《水泥路面技术规范》亚甲蓝法测定的 MB 值，主要用于判定细集料中的细粉是泥粉还是石粉，2005 年版《集料试验规程》亚甲蓝法测定的 MB 值，主要用于判定细集料中的膨胀性黏土矿物含量，这是两种截然不同的亚甲蓝法判定结果。

但是，综观现行国家标准及各行业标准，同一个试验方法只有一个判定结果，不可能有两种截然不同的判定结果，因此，两者之中必有一错，或者两者皆错。

下面分析亚甲蓝法测定的 MB 值是否可以判定细集料中的细粉是泥粉还是石粉。"石粉是指人工砂及混合砂中小于 75 μm 以下的颗粒。人工砂中的石粉绝大部分是母岩被破碎的细粒,与天然砂中的泥不同,它们在混凝土中的作用也有很大区别。"[1]

据此推断,无论是天然砂,还是人工砂,石粉与泥粉在混凝土中的作用有着本质的区别,因而不能把细集料中的细粉笼统判定是泥粉还是石粉。

比较 2006 年版《砂石标准》表 3.1.5"人工砂或混合砂中石粉含量"与 2011 年版《桥涵技术规范》表 6.3.1"细集料技术指标",两者不但对人工砂亚甲蓝 MB 值的划分界限均为 1.4 g/kg,而且对人工砂含粉量的规定也完全相同,两者唯一的不同在于 2006 年版《砂石标准》表 3.1.5 中的水泥混凝土强度等级划分为≥C60、C55~C30、≤C25,而 2011 年版《桥涵技术规范》表 6.3.1 中的水泥混凝土强度等级划分为>C60、C60~C30、<C30(2006 年版《砂石标准》表 3.1.5 与 2011 年版《桥涵技术规范》表 6.3.1,见表 5-60)。

表 5-60　2006 年版《砂石标准》与 2011 年版《桥涵技术规范》人工砂含粉量的规定[2]

混凝土强度等级		≥C60(>C60)	C55~C30(C60~C30)	≤C25(<C30)
石粉含量	MB<1.4(合格)	≤5.0%	≤7.0%	≤10.0%
	MB≥1.4(不合格)	≤2.0%	≤3.0%	≤5.0%

当亚甲蓝 MB 值<1.4 g/kg 或快速法试验合格时,2006 年版《砂石标准》表 3.1.5 与 2011 年版《桥涵技术规范》表 6.3.1 规定≤C25(<C30)强度等级水泥混凝土人工砂最大的含粉量均≤10%。

但是,根据本书表 5-44 样品 M、表 5-46 样品 N、表 5-54 样品 K 的试验结果可知,当样品 M、样品 N、样品 K 的亚甲蓝 MB 值＝1.4 g/kg 时,其相应的含泥量均为 6%,也就是说,如果样品 M、样品 N、样品 K 的含粉量为 10%,其中 6% 可能为泥粉。

如果参照 2006 年版《砂石标准》表 3.1.3"天然砂中含泥量"及 2011 年版《桥涵技术规范》表 6.3.1"细集料技术指标"中"天然砂含泥量"的规定,含泥量为 6% 的人工砂,根本不能用于水泥混凝土工程(2006 年版《砂石标准》表 3.1.3 与 2011 年版《桥涵技术规范》表 6.3.1 中"天然砂含泥量"的规定,见表 5-61;2006 年版《砂石标准》表 3.1.3 中的混凝土强度等级划分为≥C60、C55~C30、≤C25,2011 年版《桥涵技术规范》表 6.3.1 中的混凝土强度等级划分为>C60、C60~C30、<C30)。

也就是说,即使样品 M、样品 N、样品 K 的亚甲蓝 MB 值及含粉量符合 2006 年版《砂石标准》或 2011 年版《桥涵技术规范》强度等级≤C25(<C30)水泥混凝土人工砂的技术指标,实际上不能用于水泥混凝土工程。

表 5-61　2006 年版《砂石标准》与 2011 年版《桥涵技术规范》天然砂含泥量的规定

混凝土强度等级	≥C60(>C60)	C55~C30(C60~C30)	≤C25(<C30)
含泥量(按质量计)	≤2.0%	≤3.0%	≤5.0%

---

[1]　摘自 2006 年版《砂石标准》第 95 页第 3.1.5 条的"条文说明"。

[2]　2014 年版《混凝土路面技术细则》表 3.4.4"机制砂的质量标准"中含粉量的规定与表 5-60 又有所不同:①表 5-60 的含粉量均采用"≤"表示,而 2014 年版《混凝土路面技术细则》表 3.4.4 均采用"<"表示;②当 MB>1.4 或快速法试验不合格时,表 5-60 中≥C60(>C60)强度等级水泥混凝土人工砂最大的含粉量规定≤2%,而 2014 年版《混凝土路面技术细则》表 3.4.4 中Ⅰ级人工砂最大的含粉量规定≤1%。

当亚甲蓝 MB 值＜1.4 g/kg 或快速法试验合格时,2006 年版《砂石标准》表 3.1.5 与 2011 年版《桥涵技术规范》表 6.3.1 规定 C55～C30(C60～C30)强度等级水泥混凝土人工砂最大的含粉量均≤7％。

但是,根据本书表 5-44 样品 M、表 5-46 样品 N、表 5-54 样品 K 的试验结果可知,当样品 M、样品 N、样品 K 的亚甲蓝 MB 值＝1.2 g/kg 时,其相应的含泥量均为 5％,也就是说,如果样品 M、样品 N、样品 K 的含粉量为 7％,其中 5％可能为泥粉。

如果参照 2006 年版《砂石标准》表 3.1.3"天然砂中含泥量"及 2011 年版《桥涵技术规范》表 6.3.1"细集料技术指标"中"天然砂含泥量"的规定,含泥量为 5％的人工砂,只能用于≤C25(＜C30)强度等级水泥混凝土。

也就是说,即使样品 M、样品 N、样品 K 的亚甲蓝 MB 值及含粉量符合 2006 年版《砂石标准》或 2011 年版《桥涵技术规范》强度等级 C55～C30(C60～C30)水泥混凝土人工砂的技术指标,实际上只能用于≤C25(＜C30)强度等级水泥混凝土。

当亚甲蓝 MB 值＜1.4 g/kg 或快速法试验合格时,2006 年版《砂石标准》表 3.1.5 与 2011 年版《桥涵技术规范》表 6.3.1 规定≥C60(＞C60)强度等级水泥混凝土人工砂最大的含粉量均为≤5％。

但是,根据本书表 5-44 样品 M、表 5-46 样品 N、表 5-54 样品 K 的试验结果可知,当样品 M、样品 N、样品 K 的亚甲蓝 MB 值≤1.0 g/kg 时,其相应的含泥量可能为 3％或 4％,也就是说,如果样品 M、样品 N、样品 K 的含粉量为 5％,其中 3％或 4％可能为泥粉。

如果参照 2006 年版《砂石标准》表 3.1.3"天然砂中含泥量"及 2011 年版《桥涵技术规范》表 6.3.1"细集料技术指标"中"天然砂含泥量"的规定,含泥量为 3％的人工砂,只能用于 C55～C30(C60～C30)强度等级水泥混凝土,含泥量为 3％～4％的人工砂,只能用于≤C25(＜C30)强度等级水泥混凝土。

也就是说,即使样品 M、样品 N、样品 K 的亚甲蓝 MB 值及含粉量符合 2006 年版《砂石标准》或 2011 年版《桥涵技术规范》强度等级≥C60(＞C60)水泥混凝土人工砂的技术指标,实际上只能用于 C55～C30(C60～C30)甚至≤C25(＜C30)强度等级水泥混凝土。

2011 年版《建设用砂》对人工砂亚甲蓝 MB 值的规定,不但划分为表 4"石粉含量和泥块含量(MB≤1.4 或快速法试验合格)"与表 5"石粉含量和泥块含量(MB＞1.4 或快速法试验不合格)",而且 2011 年版《建设用砂》表 4"石粉含量和泥块含量(MB≤1.4 或快速法试验合格)",根据人工砂的不同"类别"划分不同的亚甲蓝 MB 界限值(2011 年版《建设用砂》表 4 及表 5,分别见本书表 5-62 及表 5-63)。

表 5-62　2011 年版《建筑用砂》MB≤1.4 或合格时人工砂含粉量与泥块含量的规定

类别	Ⅰ	Ⅱ	Ⅲ
MB 值	≤0.5	≤1.0	≤1.4 或合格
石粉含量(按质量计)*		≤10.0％	
泥块含量(按质量计)	0％	≤1.0％	≤2.0％

注:此指标根据使用地区和用途,经试验验证,可由供需双方协商确定。

表 5-63　2011 年版《建筑用砂》MB＞1.4 或不合格时人工砂含粉量与泥块含量的规定

类别	Ⅰ	Ⅱ	Ⅲ
石粉含量（按质量计）	≤1.0%	≤3.0%	≤5.0%
泥块含量（按质量计）	0%	≤1.0%	≤2.0%

但是，比较现行的 2011 年版《建设用砂》与已经废止的 2001 年版《建筑用砂》中人工砂的有关规定，两者至少有两处内容存在天壤之别。

（1）人工砂的亚甲蓝 MB 值。2001 年版《建筑用砂》表 3"石粉含量"规定的人工砂亚甲蓝 MB 值，并非如 2011 年版《建设用砂》根据人工砂的不同"类别"划分不同的亚甲蓝 MB 界限值，而是与 2006 年版《砂石标准》表 3.1.5 及 2011 年版《桥涵技术规范》表 6.3.1 的有关规定完全一致，即 2001 年版《建筑用砂》表 3 以"1.4 g/kg"作为人工砂亚甲蓝 MB 值的唯一划分界限（2001 年版《建筑用砂》表 3，见本书表 5-64）。

表 5-64　2001 年版《建筑用砂》人工砂含粉量和泥块含量的规定

	项目		指标		
			Ⅰ类	Ⅱ类	Ⅲ类
1	MB＜1.40 或合格	石粉含量（按质量计）	＜3.0%	＜5.0%	＜7.0%*
2		泥块含量（按质量计）	0%	＜1.0%	＜2.0%
3	MB≥1.40 或不合格	石粉含量（按质量计）	＜1.0%	＜3.0%	＜5.0%
4		泥块含量（按质量计）	0%	＜1.0%	＜2.0%

注：根据使用地区和用途，在试验验证的基础上，可由供需双方协商确定。

（2）不同"类别"砂的"用途"。2001 年版《建筑用砂》第 4.3 条"类别"规定"砂按技术要求分为Ⅰ类、Ⅱ类、Ⅲ类"、第 4.4 条"用途"规定"Ⅰ类宜用于强度等级大于 C60 的混凝土；Ⅱ类宜用于强度等级 C30～C60 及有抗冻、抗渗或其他要求的混凝土；Ⅲ类宜用于强度等级小于 C30 的混凝土和砌筑砂浆"，而 2011 年版《建设用砂》第 4.3 条"类别"规定"砂按技术要求分为Ⅰ类、Ⅱ类、Ⅲ类"，却没有如 2001 年版《建筑用砂》第 4.4 条规定的"用途"，即 2011 年版《建设用砂》无法根据砂的"类别"确定Ⅰ类、Ⅱ类、Ⅲ类砂分别适用于什么强度等级的混凝土。

如果以 2011 年版《建设用砂》Ⅲ类人工砂的亚甲蓝 MB 值≤1.4 g/kg 或快速法试验合格、最大含粉量≤10% 为例，根据本书表 5-44 样品 M、表 5-46 样品 N、表 5-54 样品 K 的试验结果可知，当样品 M、样品 N、样品 K 的亚甲蓝 MB 值＝1.4 g/kg 时，其相应的含泥量为 6%，也就是说，如果样品 M、样品 N、样品 K 的含粉量为 10%，其中 6% 可能为泥粉。

如果参照 2011 年版《建设用砂》表 3 天然砂中"含泥量和泥块含量"的规定，含泥量为 6% 的人工砂，根本不能用于水泥混凝土工程（2011 年版《建设用砂》表 3，见本书表 5-65）。

也就是说，即使样品 M、样品 N、样品 K 的亚甲蓝 MB 值及含粉量符合 2011 年版《建设用砂》Ⅲ类水泥混凝土人工砂的技术指标，实际上不能用于水泥混凝土工程。

表 5-65　2011 年版《建设用砂》天然砂含泥量与泥块含量的规定

类别	Ⅰ	Ⅱ	Ⅲ
含泥量（按质量计）	≤1.0%	≤3.0%	≤5.0%
泥块含量（按质量计）	0%	≤1.0%	≤2.0%

如果以 2011 年版《建设用砂》Ⅱ类人工砂的亚甲蓝 MB 值≤1.0 g/kg、最大含粉量≤10%为例,根据表 5-44 样品 M、表 5-46 样品 N、表 5-54 样品 K 的试验结果可知,当样品 M、样品 N、样品 K 的亚甲蓝 MB 值=1.0 g/kg 时,其相应的含泥量为 4%,也就是说,如果样品 M、样品 N、样品 K 的含粉量为 10%,其中 4% 可能为泥粉。

如果参照 2011 年版《建设用砂》表 3 天然砂中"含泥量和泥块含量"的规定,含泥量为 4% 的人工砂,只能用于Ⅲ类水泥混凝土的人工砂。

也就是说,即使样品 M、样品 N、样品 K 的亚甲蓝 MB 值及含粉量符合 2011 年版《建设用砂》Ⅱ类水泥混凝土人工砂的技术指标,实际上只能用于Ⅲ类水泥混凝土的人工砂。

如果以 2011 年版《建设用砂》Ⅰ类人工砂的亚甲蓝 MB 值≤0.5 g/kg、最大含粉量≤10% 为例,根据表 5-44 样品 M 的试验结果可知,当样品 M 的亚甲蓝 MB 值=0.5 g/kg 时,其相应的含泥量为 2%,也就是说,如果样品 M 的含粉量为 10%,其中 2% 可能为泥粉。

如果参照 2011 年版《建设用砂》表 3 天然砂中"含泥量和泥块含量"的规定,含泥量为 2% 的人工砂,只能用于Ⅱ类水泥混凝土的人工砂。

也就是说,即使样品 M 的亚甲蓝 MB 值及含粉量符合 2011 年版《建设用砂》Ⅰ类水泥混凝土人工砂的技术指标,实际上只能用于Ⅱ类水泥混凝土的人工砂。

另外,当 MB 值>1.4 或快速法试验不合格时,2011 年版《建设用砂》表 5、2006 年版《砂石标准》表 3.1.5、2011 年版《桥涵技术规范》表 6.3.1 规定人工砂最大的含粉量均为≤5%,其中 2006 年版《砂石标准》表 3.1.5 及 2011 年版《桥涵技术规范》表 6.3.1 规定≥C60(>C60)、C55~C30(C60~C30)强度等级水泥混凝土人工砂的含粉量分别≤2%、≤3%;2011 年版《建设用砂》表 5 规定Ⅰ类、Ⅱ类人工砂的含粉量分别≤1%、≤3%(2011 年版《建设用砂》表 5,见本书表 5-63;2006 年版《砂石标准》表 3.1.5 与 2011 年版《桥涵技术规范》表 6.3.1,见本书表 5-60)。

然而,根据大量的试验结果表明(表 5-66),没有经过水洗设备处理的人工砂,最大含粉量均大于 10%(表 5-66 中的最大含粉量,即表中 0.075 mm 筛的通过率),即使经过水洗设备处理的人工砂,6 个样品中只有一个样品的最大含粉量小于 3%。

因此,当 MB 值>1.4 或快速法试验不合格时,没有经过水洗设备处理的人工砂,均不能用于水泥混凝土工程,即使经过水洗设备处理的人工砂,绝大多数人工砂因为含粉量超标而不能用于水泥混凝土工程。

但是,根据本书表 5-19 样品 I、表 5-20 样品 J、表 5-42 样品 T、表 5-43 样品 R 的试验结果可知,当样品 I、样品 J、样品 T、样品 R 的亚甲蓝 MB 值>1.4 g/kg 时,其相应的含泥量可能为 0% 或 1%,即使样品 I、样品 J、样品 T、样品 R 人工砂的含粉量达到 7%(或 10%),样品 I、样品 J、样品 T、样品 R 人工砂也可用于≥C60(>C60)强度等级或Ⅰ类水泥混凝土。

也就是说,即使样品 I、样品 J、样品 T、样品 R 人工砂的 MB 值>1.4 或快速法试验不合格,样品 I、样品 J、样品 T、样品 R 人工砂也可用于≥C60(>C60)强度等级或Ⅰ类水泥混凝土。

表 5-66　人工砂 0.15 mm 筛的累计筛余百分率与 0.075 mm 筛的通过率

取样位置	试样总质量/g	>0.075 mm 质量/g	0.075 mm 累计筛余率	0.075 mm 筛通过率	备 注
A	1 033.9	903.9	87.4%	12.6%	石灰岩
B	1 832.6	1 605.4	87.6%	12.4%	石灰岩
C	2 126.4	1 897.6	89.2%	10.8%	辉绿岩
D	1 802.1	1 583.9	87.9%	12.1%	辉绿岩
E	1 731.9	1 516.6	87.6%	12.4%	石灰岩
F	1 372.5	1 207.4	88.0%	12.0%	石灰岩
G	1 738.7	1 548.3	89.0%	11.0%	石灰岩
H	1 220.2	1 173.2	96.1%	3.9%	石灰岩、水洗
I	1 464.5	1 425.5	97.3%	2.7%	河卵石、水洗
J	1 539.9	1 462.3	95.0%	5.0%	河卵石、水洗
K	2 009.8	1 936.5	96.4%	3.6%	石灰岩、水洗
L	1 109.2	1 071.3	96.6%	3.4%	河卵石、水洗
M	1 661.5	1 582.3	95.2%	4.8%	石灰岩、水洗

综上所述,"当 $MB<1.4$ 时,则判定是以石粉为主;当 $MB \geqslant 1.4$ 时,则判定为以泥粉为主的石粉"[①]的判定结果显然没有科学依据。

下面分析亚甲蓝法测定的 MB 值是否可以判定细集料中的膨胀性黏土矿物及其含量。如果根据 2005 年版《集料试验规程》亚甲蓝试验的目的,亚甲蓝试验每一次测定的亚甲蓝 MB 值,应该直接反映细集料、细粉、矿粉中膨胀性黏土矿物的具体含量。

但是,综观国家标准及各行业标准,细集料亚甲蓝试验的亚甲蓝 MB 值均表示每 1 000 g 试样吸收的亚甲蓝克数,而每 1 000 g 试样吸收的亚甲蓝的克数,并不能直接反映每 1 000 g 试样中膨胀性黏土矿物的含量。

而且,2011 年版《建设用砂》表 4 与表 5(2011 年版《建设用砂》表 4 及表 5,分别见本书表 5-62 及表 5-63)、2006 年版《砂石标准》表 3.1.5 与 2011 年版《桥涵技术规范》表 6.3.1(2006 年版《砂石标准》表 3.1.5 与 2011 年版《桥涵技术规范》表 6.3.1,见本书表 5-60),只是反映人工砂的亚甲蓝 MB 值与含粉量的关系,并不直接表示人工砂的亚甲蓝 MB 值与含泥量的关系,说明各版本亚甲蓝法测定的亚甲蓝 MB 值,并不能直接反映细集料、细粉、矿粉中膨胀性黏土矿物的具体含量。

因此,亚甲蓝法测定的亚甲蓝 MB 值,并不能直接反映细集料、细粉、矿粉中是否存在膨胀性黏土矿物及其具体的含量。

5.4　结论

综上所述,无论是国家标准,还是各行业标准,各版本亚甲蓝法测定的亚甲蓝 MB 值,既不能判定细集料中的细粉是石粉还是泥粉,也不能确定细集料是否存在膨胀性黏土矿物及其具体的含量。

---

① 摘自 2006 年版《砂石标准》6.11 试验第 6.11.4-1-5)条"亚甲蓝试验结果评定"。

第6章

砂 当 量 法

6.1 试验方法

砂当量法是交通部行业标准特有的测定天然砂、人工砂等各种细集料中黏性土或杂质含量的试验方法,以下摘录 2005 年版《集料试验规程》T0334 试验及其"条文说明",并对其中的内容进行相关的论述。

T0334—2005 细集料砂当量试验

1 目的与适用范围

1.1 本方法适用于测定天然砂、人工砂、石屑等各种细集料中所含的黏性土或杂质的含量,以评定集料的洁净程度。砂当量用 SE 表示。

1.2 本方法适用于公称最大粒径不超过 4.75 mm 的集料。

本书采用小于 4.75 mm 的天然砂、人工砂进行砂当量试验。

2 仪具与材料

2.1 仪具

(1)透明圆柱形试筒:如图 T0334-1,透明塑料制,外径 40 mm±0.5 mm,内径 32 mm±0.25 mm,高度 420 mm±0.25 mm。在距试筒底部 100 mm、380 mm 处刻划刻度线,试筒口配有橡胶瓶口塞。

(2)冲洗管:如图 T0334-2,由一根弯曲的硬管组成,不锈钢或冷锻钢制,其外径为 6 mm±0.5 mm,内径为 4 mm±0.2 mm。管的上部有一个开关,下部有一个不锈钢两侧带孔尖头,孔径为 1 mm±0.1 mm。

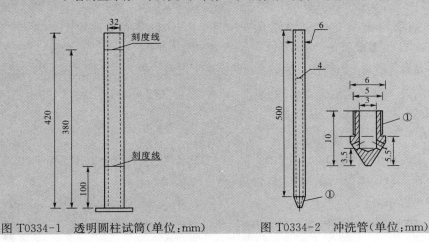

图 T0334-1　透明圆柱试筒(单位:mm)　　图 T0334-2　冲洗管(单位:mm)

（3）透明玻璃或塑料桶：容积 5 L，有一根虹吸管放置桶中，桶底面高出工作台约 1m。

（4）橡胶管（或塑料管）：长约 1.5m，内径约 5 mm，同冲洗管联在一起吸液用，配有金属夹，以控制冲洗液流量。

（5）配重活塞：如图 T0334-3，由长 440 mm±0.25 mm 的杆、直径25 mm±0.1mm 的底座（下面平坦、光滑、垂直杆轴）、套筒和配重组成。且在活塞上有三个横向螺丝，可保持活塞在试筒中间，并使活塞与试筒之间有一条小缝隙。

套筒为黄铜或不锈钢制，厚 10 mm±0.1 mm，大小适合试筒并且引导活塞杆，能标记筒中活塞下沉的位置。套筒上有一个螺钉用以固定活塞杆。配重为 1 kg±5 g。

（6）机械振荡器：可以使试筒产生横向的直线运动振荡，振幅 203 mm±1.0 mm，频率 180 次/min±2 次/min。

（7）天平：称量 1 kg，感量不大于 0.1 g。

（8）烘箱：能使温度控制在 105℃±5℃。

（9）秒表。

（10）标准筛：筛孔为 4.75 mm。

（11）温度计。

（12）广口漏斗：玻璃或塑料制，口的直径 100 mm 左右。

（13）钢板尺：长 50cm，刻度 1 mm。

（14）其他：量筒（500 mL），烧杯（1 L），塑料桶（5 L）、烧杯、刷子、盘子、刮刀、勺子等。

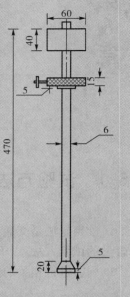

图 T0334-3　配重活塞
（单位：mm）

本书采用上海市某仪器设备有限公司生产的符合上述规定的 YL-2B 双管精密砂当量试验仪，采用最大称量为 2 000 g、最小感量为 0.01 g 的电子天平称取试样的质量，其他仪具均符合 2005 年版《集料试验规程》T0334 试验的有关规定。

本书试验时，将装有冲洗液的 5 L 塑料桶置于 SG-100D 型路面材料强度试验仪主机的顶面、透明圆柱形试筒置于路面材料强度试验仪主机的机座上，塑料桶的底面距离路面材料强度试验仪主机的机座约 105 cm；并采用一个大号的金属夹夹住橡胶管，既可作为冲洗管的开关，又可控制冲洗液的流量。

2.2　试剂

（1）无水氯化钙（$CaCl_2$）：分析纯，含量 96% 以上，分子量 110.99，纯品为无色立方结晶，在水中溶解度大，溶解时放出大量热，它的水溶液呈微酸性，具有一定的腐蚀性。

本书采用天津市某化学试剂有限公司 2012 年 11 月 18 日生产的符合"津 O/HG3209—88"的粒状无水氯化钙分析纯（分子式：$CaCl_2$，分子量：110.99，含量：≥96%）。

（2）丙三醇（$C_3H_8O_3$）：又称甘油，分析纯，含量 98% 以上。分子量 92.09。

本书采用天津市某精细化工有限公司生产的符合"GB/T 687—2011"的丙三醇分析纯（相对分子质量：92.09，$C_3H_8O_3$ 含量：≥99%）。

（3）甲醛（HCHO）：分析纯。含量 36% 以上，分子量 30.03。

本书采用成都市某化工试剂厂 2012 年 12 月 18 日生产的符合"GB 685—1993"的甲醛分析纯（分子式：CH_2O，分子量：30.03，含量：37%～40%）。

（4）洁净水或纯净水。

YL-2B 双管精密砂当量试验仪供应商提供的 62.5 mL"砂当量试验仪浓溶液"，要求加入 2.5 L 蒸馏水,本书采用洁净水与上述无水氯化钙分析纯、丙三醇分析纯、甲醛分析纯配制冲洗液进行砂当量试验。

3 试验准备

3.1 试样制备

3.1.1 将样品通过孔径 4.75 mm 筛,去掉筛上的粗颗粒部分,试样数量不少于 1 000 g。如样品过分干燥,可在筛分之前加少量水分润湿(含水率约为 3%左右),用包橡胶的小锤打碎土块,然后再过筛,以防止将土块作为粗颗粒筛除。当粗颗粒部分被在筛分时不能分离的杂质裹覆时,应将筛上部分的粗集料进行清洗,并回收其中的细粒放入试样中。

注:在配制稀浆封层及微表处混合料时,4.75 mm 部分经常是由两种以上的集料混合而成,如由 3~5 mm 和 3 mm 以下石屑混合,或由石屑与天然砂混合组成时,可分别对每种集料按本方法测定其砂当量,然后按组成比例计算合成的砂当量。为减少工作量,通常做法是将样品按配比混合组成后用 4.75 mm 过筛,测定集料混合料的砂当量,以鉴定材料是否合格。

本书采用的细集料为三分部石场人工砂及崇左天然河砂、土为 YBK97+000 土,试样为标准样品,标准样品的制备方法,见本书第 2 章"试样的处理",各个含泥量标准样品各号筛的颗粒组成见表 6-1(砂当量法每个标准样品的总质量为 120 g±0.1 g)。

表 6-1 120 g 标准样品各号筛的颗粒组成

筛孔尺寸/mm	筛余质量/g					
	0%含泥量	1%含泥量	2%含泥量	3%含泥量	4%含泥量	5%含泥量
4.75	0	0	0	0	0	0
2.36	28.8	27.6	26.4	25.2	24.0	22.8
1.18	28.8	28.8	28.8	28.8	28.8	28.8
0.6	14.4	14.4	14.4	14.4	14.4	14.4
0.3	19.2	19.2	19.2	19.2	19.2	19.2
0.15	9.9	9.9	9.9	9.9	9.9	9.9
0.075	9.6	9.6	9.6	9.6	9.6	9.6
<0.075	9.6	16	9.6	9.6	9.6	9.6
<0.075(泥)	0	1.2	2.4	3.6	4.8	6.0

3.1.2 按 T 0332 的方法测定试样的含水率。试验用的样品,在测定含水率和取样试验期间不要丢失水分。

由于试样是加水湿润过的,对试样含水率应按现行含水率测定方法进行,含水率以两次测定的平均值计,准确至 0.1%。经过含水率测定的试样不得用于试验。

3.1.3 称取试样的湿重

根据测定的含水率按式(T0334-1)计算相当于 120 g 干燥试样的样品湿重,准确至 0.1 g。

$$m_1 = \frac{120 \times (100 + \omega)}{100} \tag{T0334-1}$$

式中　ω——集料试样的含水率(%);

　　　m_1——相当于干燥试样 120 g 时的潮湿试样的质量(g)。

由于本书采用的试样为烘干的标准样品,故本书每个标准样品按 3%含水率加入 3.6 g 洁净水,置铝盒中搅拌均匀后盖上盒盖闷料一昼夜备用(图 6-1、图 6-2),因而不会发生如

2005 年版《集料试验规程》T0334 试验第 3.1.2 条所述"测定含水率和取样试验期间不要丢失水分"及"经过含水率测定的试样不得用于试验"的现象。

图 6-1　未拌和的 3‰含水率标准样品

图 6-2　已拌和均匀的 3‰含水率标准样品

3.2　配制冲洗液

3.2.1　根据需要确定冲洗液的数量,通常一次配制 5 L,约可进行 10 次试验。如试验次数较少,可以按比例减少,但不宜少于 2 L,以减小试验误差。冲洗液的浓度以每升冲洗液中的氯化钙、甘油、甲醛含量分别为 2.79 g、12.12 g、0.34 g 控制。称取配制 5 L 冲洗液的各种试剂的用量:氯化钙 14.0 g;甘油 60.6 g;甲醛 1.7 g。

2005 年版《集料试验规程》T0334 试验第 3.2.1 条"通常一次配制 5 L,约可进行 10 次试验",与 2005 年版《集料试验规程》T0334 试验第 104 页的"条文说明:如按试验方法的量配制,约可供 100 多次试验使用"完全不一致。

本书一次配制 5 L 冲洗液,至少可进行 15 次砂当量试验,称取配制 5 L 冲洗液的各种试剂的用量分别为氯化钙 14.0 g±0.02 g,甘油 60.6 g±0.02 g,甲醛 1.7 g±0.02 g。

3.2.2 称取无水氯化钙 14.0 g 放入烧杯中,加洁净水 30 mL,充分溶解,此时溶液温度会升高,待溶液冷却至室温,观察是否有不溶的杂质,若有杂质必须用滤纸将溶渡过滤,以除去不溶的杂质。

本书把 14.0 g±0.02 g 无水氯化钙放入 250 mL 烧杯中,加入 30 mL 洁净水,充分溶解并待溶液冷却至室温,经观察没有发现不溶的杂质。

3.2.3 然后倒入适量洁净水稀释,加入甘油 60.6 g,用玻璃棒搅拌均匀后再加入甲醛 1.7 g,用玻璃棒搅拌均匀后全部倒入 1 L 量筒中,并用少量洁净水分别对盛过 3 种试剂的器皿洗涤 3 次,每次洗涤的水均放入量筒中,最后加入洁净水至 1 L 刻度线。

本书加入 100 mL 洁净水稀释后,分别加入 60.6 g±0.02 g 甘油、1.7 g±0.02 g 甲醛分析纯,待冲洗液搅拌均匀后全部倒入 1 L 量筒中,用少量洁净水分别对盛过 3 种试剂的器皿洗涤 3 次,每次洗涤的水均放入量筒中,最后加入洁净水至 1 L 刻度线。

3.2.4 将配制的 1 L 溶液倒入塑料桶或其他容器中,再加入 4 L 洁净水或纯净水稀释至 5 L±0.005 L。该冲洗液的使用期限不得超过 2 周,超过 2 周后必须废弃,其工作温度为 22℃±3℃。
注:有条件时,可向专门机构购买高浓度的冲洗液,按照要求稀释后使用。

本书将配制好的 1 L 溶液倒入 5 L 塑料桶中,再加入 4 L 洁净水并拧紧桶盖后,用力摇晃塑料桶,以便进一步充分溶解 3 种试剂。

本书试验时的工作温度为 22℃±3℃,两天内完成了 14 个标准样品的砂当量试验,因而冲洗液的使用期限不会超过 2 周。

砂当量试验的仪器供应商也配备了 62.5 mL 的"砂当量试验仪浓溶液",要求加入 2.5 L 蒸馏水稀释后使用,由于仪器供应商没有标注浓溶液的使用期限,而且 2005 年版《集料试验规程》T0334 试验第 3.2.4 条要求加入"洁净水或纯净水",故本书没有采用砂当量试验仪供应商提供的"砂当量试验仪浓溶液"。

4 试验步骤

4.1 用冲洗管将冲洗液加入试筒,直到最下面的 100 mm 刻度处(约需 80 mL 试验用冲洗液)。

由于 2005 年版《集料试验规程》T0334 试验第 2.1-(3)条要求"桶底面高出工作台约 1 m"、第 4.7 条要求"不断转动冲洗管",而一个人很难做到既要"不断转动冲洗管",又能看到最下面的"100 mm 刻度处"或"380 mm 刻度处",故本书试验时特邀一名持有交通部证书且能熟练操作砂当量试验的试验员协助试验。

需要注意的是,有的砂当量试验仪,当配重活塞的杆拧紧后,配重活塞杆的底面离试筒的底面尚有几毫米的距离,因此,试验前应检查配重活塞杆的底面是否与试筒的底面接触,如不接触,可以通过调整配重活塞杆的长度,使配重活塞杆的底面正好与试筒的底面接触,试验过程中不得转动配重活塞的杆。

4.2 把相当于 120 g±1 g 干料重的湿样用漏斗仔细地倒入竖立的试筒中。
4.3 用手掌反复敲打试筒下部,以除去气泡,并使试样尽快润湿,然后放置 10 min。

本书用冲洗管将冲洗液加入试筒,直至 100 mm 的刻度处,然后把配制好的 120 g±

0.1 g 干料重的 3% 含水率湿样用漏斗仔细地倒入竖立的试筒中，用手掌反复敲打试筒下部，排去气泡后，静置 10 min。

4.4 在试样静止 10 min±1 min 后，在试筒上塞上橡胶塞堵住试筒，用手将试筒横向水平放置，或将试筒水平固定在振荡机上。

4.5 开动机械振荡器，在 30 s±1 s 的时间内振荡 90 次。用手振荡时，仅需手腕振荡，不必晃动手臂，以维持振幅 230 mm±25 mm，振荡时间和次数与机械振荡器同。然后将试筒取下竖直放回试验台上，拧下橡胶塞。

本书待试样静止 10 min±1 min 后，用橡胶塞堵住试筒口，将试筒水平固定在振荡机上，开动振荡器，在 30 s±1 s 的时间内振荡 90 次后，将试筒取出，拧下橡胶塞，竖直放在路面材料强度试验仪主机的机座上。

4.6 将冲洗管插入试筒中，用冲洗液冲洗附在试筒壁上的集料，然后迅速将冲洗管插到试筒底部，不断转动冲洗管，使附着在集料表面的土粒杂质浮游上来。

本书将冲洗管置于试筒口，打开开关，缓缓冲洗附在橡胶塞上的集料后，将冲洗管插入试筒中，用冲洗液尽快冲洗附在试筒壁上的集料，然后迅速将冲洗管插到试筒底部，完全打开开关，一人不断转动冲洗管，一人不断转动试筒，使试筒内附在集料表面的土粒完全悬浮浑浊液中。

4.7 缓慢匀速向上拔出冲洗管，当冲洗管抽出液面，且保持液面位于 380 mm 刻度线时，切断冲洗管的液流，使液面保持在 380 mm 刻度线处，然后开动秒表在没有扰动的情况下静置 20 min±15 s。

本书待试筒内附在集料表面的土粒完全上浮后，缓慢匀速向上拔出冲洗管，当冲洗管抽出液面且液面位于 380 mm 刻度线时，切断冲洗管的液流，轻轻将试筒竖直移至没有振动的试验操作台，开动秒表，静置 20 min。

4.8 如图 T0334-4 所示，在静置 20 min 后，用尺量测从试筒底部到絮状凝结物上液面的高度（h_1）。

4.9 将配重活塞徐徐插入试筒里，直至碰到沉淀物时，立即拧紧套筒上的固定螺丝。将活塞取出，用直尺插入套筒开口中，量取套筒顶面至活塞底面的高度 h_2，准确至 1 mm，同时记录试筒内的温度，准确至 1℃。

本书待试筒静置 20 min±15 s 后，用钢直尺量测试筒底部至絮状凝结物上液面的高度（h_1），准确至 1 mm，然后将配重活塞徐徐插入试筒中，直至碰到沉淀物时，立即拧紧套筒上的固定螺丝，将活塞取出，用钢直尺插入套筒开口中，量取套筒顶面至活塞底面的高度 h_2，准确至 1 mm；经用棒式温度计测量，试筒絮状凝结物内的温度为 20℃。

4.10 按上述步骤进行 2 个试样的平行试验。
注：① 为了不影响沉淀的过程，试验必须在无振动的水平台上进行。随时检查试验的冲洗管口，防止堵塞。
② 由于塑料在太阳光下容易变成不透明，应尽量避免将塑料试筒等直接暴露在太阳光下。盛试验溶液的塑料桶用毕要清洗干净。

5 计算

5.1 试样的砂当量值按式(T0334-2)计算。

$$SE = \frac{h_2}{h_1} \times 100 \qquad (T0334-2)$$

式中 SE——试样的砂当量(%);

h_2——试简中用活塞测定的集料沉淀物的高度(mm);

h_1——试简中絮凝物和沉淀物的总高度(mm)。

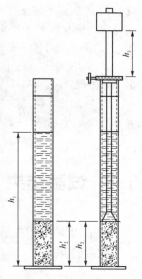

图 T0334-4 读数示意图

2005 年版《集料试验规程》T0334 试验式(T0334-2)中并没有 h_3,故 T0334 试验图 T0334-4 中的"h_3"应该改为"h_2",或说明图 T0334-4 右侧图示上面 h_3 的高度与下面 h_2 的高度及左侧图示 h_2' 的高度一致。

5.2 一种集料应平行测定两次,取两个试样的平均值,并以活塞测得砂当量为准,以整数表示。

由于 2005 年版《集料试验规程》T0334 试验第 103 页的"条文说明"已经证明"砂当量测定值不仅仅取决于含土量,细集料中石粉也会影响砂当量的大小",说明砂当量试验并不能准确测定天然砂、人工砂等各种细集料中所含的黏性土或杂质的含量,因而没有必要对每个标准样品进行两次平行测定,也没有必要采用更多的样品进行试验。

条文说明

细集料中的泥土杂物对细集料的使用性能有很大的影响,尤其是对沥青混合料,当水分进入混合料内部时遇水即会软化,以前我国通行水洗法测定小于 0.075 mm 含量,将其作为含泥量,即 T0333 的方法。但是将小于 0.075 mm 含量都看成土是不正确的。在天然砂的规格中,通常允许 0.075 mm 通过率为 0%~5%(以前甚至为 10%),而含泥量一般不超过 3%。其实不管天然砂、石屑、机制砂,各种细集料中小于 0.075 mm 的部分不一定是土,大部分可能是石粉或超细砂粒。为了将小于 0.075 mm 的矿粉、细砂与含泥量加以区分,国外通常采用砂当量试验。

下表是在玄武岩石屑中添加不同的泥土测定的砂当量的结果。试验表明,如果控制砂当量不小于 60%,将能控制含土量不超过 6%。

含土量	0%	4.91%	9.74%	12.99%
砂当量	80%	68%	53%	40%

不过,砂当量测定值不仅仅取决于含土量,细集料中石粉也会影响砂当量的大小。在洗净的玄武岩中按 SMA 常用比例加通过 0.075 mm 的细粉 10%,变化细粉中土和石灰岩石粉的比例,其砂当量试验结果如图 T0334-5。

在图 T0334-5 中,如果 0.075 mm 以下全部为矿粉,砂当量为 82.1%,而 0.075 mm 以下全部为土时的砂当量为 26.1%。0.075 mm 以下含土率增加到 10%,砂当量从 82.1%下降到了 60.4%,说明砂当量受土含量的影响十分显著。

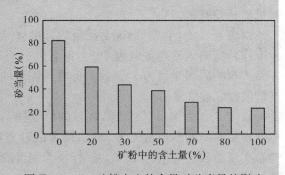

图 T0334-5 矿粉中土的含量对砂当量的影响

因此,国际上还通行一种称为亚甲蓝的试验方法,在欧洲共同体的 CEN 标准中,已经将亚甲蓝试验方法定为标准方法,而原来象法国等许多国家也使用的砂当量试验却没有了,关于这个问题,我国尚未研究,目前仍然采用砂当量试验作为标准试验方法。

本方法中工作液的配制是参照国外 ASTM 等方法的规定,先配制成高浓度氯化钙溶液及高浓度的甘油甲醛混合液,再稀释为试验用的冲洗液。如按试验方法的量配制,约可供 100 多次试验使用。而且接 ASTM 的规定,配制的溶液存放时间不得超过 2 周。考虑到实际上试验次数经常比较少,本次修改规定直接配制冲洗液。一次配制 5 L 工作液,足够一周的试验使用。

6.2　试验结果

表 6-2 是采用三分部石场人工砂、五分部 YBK97+000 土制备的标准样品进行砂当量法的试验结果。

表 6-2　人工砂的试验结果

标准含泥量	0%	1%	2%	3%	4%	5%	6%
高度 h_2/mm	83	82	82	81	80	80	79
高度 h_1/mm	103	106	133	178	202	232	258
砂当量	81%	77%	62%	46%	40%	34%	31%

表 6-3 是采用崇左天然河砂、五分部 YBK97+000 土制备的标准样品进行砂当量法的试验结果。

表 6-3　河砂的试验结果

标准含泥量	0%	1%	2%	3%	4%	5%	6%
高度 h_2/mm	82	83	81	80	80	80	79
高度 h_1/mm	100	107	139	172	210	253	294
砂当量	82%	78%	58%	47%	38%	32%	27%

根据表 6-2 及表 6-3 的试验结果可以看出,人工砂与河砂各个含泥量标准样品试筒中用活塞测定的集料沉淀物高度 h_2 几乎完全一致(80 mm 左右),但是,试筒中絮凝物和沉淀物的总高度 h_1 相差很大,而且根本没有什么规律,因此,相邻各个含泥量标准样品实测的砂当量值相差甚远。

以表 6-2 为例,2% 标准含泥量的标准样品实测的砂当量值为 62%,3% 标准含泥量的标准样品实测的砂当量值为 46%,两者的砂当量值相差达 16%;而 5% 标准含泥量的标准样品实测的砂当量值为 34%,6% 标准含泥量的标准样品实测的砂当量值为 31%,两者的砂当量值仅相差 3%。

以表 6-3 为例,1% 标准含泥量的标准样品实测的砂当量值为 78%,2% 标准含泥量的标准样品实测的砂当量值为 58%,两者的砂当量值相差达 20%;而 5% 标准含泥量的标准样品实测的砂当量值为 32%,6% 标准含泥量的标准样品实测的砂当量值为 27%,两者的砂当量值仅相差 5%。

如果用砂当量表示细集料的洁净程度,2004 年版《沥青路面技术规范》表 4.9.2"沥青混合料用细集料质量要求"规定高速公路、一级公路沥青混合料用细集料的砂当量值不小于 60%。

根据表 6-2、表 6-3 的试验结果可以看出,当三分部石场人工砂的标准含泥量为 3%、4%、5% 及崇左天然河砂的标准含泥量为 2%、3%、4%、5% 时,其相应的砂当量值均小于 60%,根据 2004 年版《沥青路面技术规范》表 4.9.2 的规定,上述这些人工砂及河砂不能用于高速公路、一级公路路面工程沥青混合料。

但是,如果上述这些人工砂及河砂用于水泥混凝土工程,根据 2006 年版《砂石标准》表 3.1.3"天然砂中含泥量"及 2011 年版《桥涵技术规范》表 6.3.1"细集料技术指标"中"天然砂含泥量"的规定(2006 年版《砂石标准》表 3.1.3 与 2011 年版《桥涵技术规范》表 6.3.1 中"天然砂含泥量"的规定,见表 5-61),含泥量为 3% 的三分部石场人工砂可以用于强度等级为 C55～C30(C60～C30)的水泥混凝土,含泥量为 4% 及 5% 的三分部石场人工砂可以用于强度等级为≤C25(<C30)的水泥混凝土;含泥量为 2% 的崇左天然河砂可以用于强度等级为≥C60(>C60)的水泥混凝土,含泥量为 3% 的崇左天然河砂可以用于强度等级为 C55～C30(C60～C30)的水泥混凝土,含泥量为 4% 及 5% 的崇左天然河砂可以用于强度等级为≤C25(<C30)的水泥混凝土。

综观现行国家标准及各行业标准,水泥混凝土用细集料允许的最大含泥量均≤5%,而 2005 年版《集料试验规程》T0334 试验第 103 页的"条文说明:如果控制砂当量不小于 60%,将能控制含土量不超过 6% 左右",说明水泥混凝土用细集料的质量要求比沥青混合料用细集料严格得多。

因此,上述这些人工砂及河砂既然可以用于水泥混凝土工程,显然没有理由不能用于公路路面工程沥青混合料。

6.3 原因分析

"砂当量测定值不仅仅取决于含土量,细集料中石粉也会影响砂当量的大小"[1],而且"试验发现,土和细石粉都会影响砂当量"[2],这是砂当量法不能准确测定细集料含泥量的根本原因。

6.4 结论

由于细集料中的土和细石粉都会影响砂当量测定值,因此,砂当量法不能准确测定天然砂、人工砂等各种细集料中所含的黏性土及其他杂质的含量。

---

[1] 摘自 2005 年版《集料试验规程》T0334 试验第 103 页的"条文说明"。
[2] 摘自 2004 年版《沥青路面技术规范》第 124 页的"条文说明"。

细集料含泥量试验(亚甲蓝滴定法)

由于现行的 JTJ 034—2000《公路路面基层施工技术规范》并没有对公路路面基层材料含泥量的技术指标进行明确的规定,因此,广西交通厅交基建[2005]117 号文件"关于公路路面基层材料含泥量补充规定的通知"要求"二级以上(含二级)公路路面基层或底基层用碎(砾)石材料的含泥量(按质量计)不得大于 3%"。

但是,由于筛洗法及虹吸管法"小于 0.075 mm 部分的细砂粒沉淀很慢,是很容易随土一起倾走"[①],而砂当量法的"砂当量测定值不仅仅取决于含土量,细集料中石粉也会影响砂当量的大小"[②],而不同土质及不同石质测定的亚甲蓝值有着天壤之别。

因此,现行国家标准及各行业标准,无论是筛洗法还是虹吸管法,亦或是砂当量法、亚甲蓝法,既不能准确测定天然砂、人工砂等各种细集料中所含黏性土的含量,也不能准确测定其中小于 0.075 mm 的颗粒含量。

事实上并非没有试验方法可以测定天然砂、人工砂等各种细集料中所含粘性土的含量及其小于 0.075 mm 的颗粒含量。"当石粉中掺入黏土时,用亚甲蓝法测其 MB 值,发现其相关性很高,相关系数可达 0.9959,这说明用亚甲蓝法检测石粉中的黏土含量精确度很高"[③]。

根据本书第 5 章第 5.2 节"试验结果"可知,虽然各种土质所吸附的亚甲蓝溶液数量各不相同,各种石质所吸附的亚甲蓝溶液数量差别较大,但是,各个样品 0～2.36 mm 粒级 200 g 试样所吸附的亚甲蓝溶液数量随着含泥量的增大而增加,而且很有规律性。

如果把各个样品吸附的亚甲蓝溶液数量设定为 x、样品相应的含泥量设定为 y,建立各个样品的一元线性回归方程式 $y = bx + a$,本书所有亚甲蓝试验各个样品吸附的亚甲蓝溶液数量与其相应的含泥量具有很高的线性关系,相关系数 r 均大于 0.996(各个样品试验结果括号内的 $y = bx + a$ 及 r,为各个样品的一元线性回归方程式及其相关系数)。

比较现行各版本亚甲蓝法与交通部行业标准《公路工程无机结合料稳定材料试验规程》(JTG E51—2009) T0809 - 2009"水泥或石灰稳定材料中水泥或石灰剂量测定方法(EDTA 滴定法)"(以下简称"2009 年版《无机结合料试验规程》EDTA 滴定法"),现行各版本亚甲蓝法与 2009 年版《无机结合料试验规程》EDTA 滴定法虽然有着本质的区别:亚甲

---

① 摘自 2005 年版《集料试验规程》T0333 试验第 98 页的"条文说明"。
② 摘自 2005 年版《集料试验规程》T0334 试验第 103 页的"条文说明"。
③ 摘自 2006 年版《砂石标准》6.11 试验第 104 页的"条文说明"。

蓝法中的亚甲蓝标准溶液与细集料之间的反应属于物理反应,而 EDTA 滴定法中的 EDTA 二钠标准溶液与 Ca^{2+} 之间的反应属于化学反应。

但是,亚甲蓝法与 EDTA 滴定法也有惊人的相似之处:亚甲蓝法亚甲蓝标准溶液的吸附量与相应的含泥量具有很高的线性关系,而 EDTA 滴定法"EDTA 二钠标准溶液的消耗量与相应的水泥剂量(水泥剂量的大小正比于 Ca^{2+} 的数量)存在近似线性关系"[1]。

综观 2009 年版《无机结合料试验规程》EDTA 滴定法,EDTA 滴定法能够准确测定水泥或石灰稳定材料中的水泥或石灰剂量,主要原因是 EDTA 滴定法首先"准备标准曲线"[2],"以同一水泥或石灰剂量稳定材料 EDTA 二钠标准溶液消耗量(mL)的平均值为纵坐标,以水泥或石灰剂量(%)制图"[3],然后"利用所绘制的标准曲线,根据 EDTA 二钠标准溶液消耗量,确定混合料中的水泥或石灰剂量"[4]。

因此,如果亚甲蓝法也准备一条与 EDTA 滴定法类似的、以各个样品吸附的亚甲蓝溶液数量为横坐标、以样品相应的含泥量为纵坐标的亚甲蓝法标准曲线,然后根据试样所消耗的亚甲蓝标准溶液量,利用所绘制的亚甲蓝法标准曲线,即可测定细集料的含泥量。

由于制作亚甲蓝法标准曲线不但耗时、繁杂,而且人为因素多、量测精度差,而亚甲蓝滴定法各个样品吸附的亚甲蓝标准溶液量与其相应的含泥量具有很高的线性关系,故本书采用一元线性回归方程式 $y = bx + a$ 确定细集料的含泥量。

为了与现行国家标准及各行业标准细集料含泥量的试验方法有所区别,本书的试验方法命名为"细集料含泥量试验(亚甲蓝滴定法)"。

7.1　试验目的与适用范围

本方法适用于测定天然砂、人工砂、混合砂、石屑等各种细集料中小于 0.075 mm 的尘屑、淤泥和黏土的含量[5]。

7.2　试剂、材料与仪器设备

(1) 亚甲蓝:分子式 $C_{16}H_{18}ClN_3S \cdot 3H_2O$、分子量 373.9、纯度≥98.5% 的保质期小于 1 年且呈粉末状的亚甲蓝。

(2) 吸管:长约 15 mm 吸管一个。

(3) 叶轮搅拌机:叶轮个数 3 或 4 个,叶轮直径 75 mm±10 mm,转速可调,转速能使细集料各规格的颗粒及泥土完全悬浮于液体中。

---

① 摘自 2009 年版《无机结合料试验规程》EDTA 滴定法第 19 页的"条文说明"。
② 摘自 2009 年版《无机结合料试验规程》EDTA 滴定法第 4 条。
③ 摘自 2009 年版《无机结合料试验规程》EDTA 滴定法第 4.7 条。
④ 摘自 2009 年版《无机结合料试验规程》EDTA 滴定法第 5.3 条。
⑤ 本方法也适用于测定粗集料的含泥量,因篇幅关系,本书不单独对粗集料含泥量的亚甲蓝滴定法的"试验步骤"进行论述。

（4）鼓风烘箱：能使温度控制在 105℃±5℃，数量 1 个。

（5）电子天平：称量 2 000 g，感量 0.01 g，数量 1 台。

（6）标准筛：孔径为 0.075 mm、0.15 mm、0.30 mm、0.60 mm、1.18 mm、2.36 mm、4.75 mm、9.5 mm 的标准方孔筛各一只。

（7）玻璃容量瓶：1 L 棕色磨砂广口玻璃瓶 1 只。

（8）定时装置：精度 1 s。

（9）温度计：精度 1℃。

（10）烧杯：500 mL、1 000 mL 烧杯各 1 只。

（11）滤纸：能使沉淀物直径保持在 8～12 mm 之间且沉淀物边缘能放射出一个宽度 1 mm 左右浅蓝色色晕的定性滤纸或定量滤纸。

（12）水：洁净水。

（13）容量筒：5 mL、20 mL、50 mL 各 1 只。

（14）玻璃棒：直径 8 mm、长 300 mm，1 支。

（15）不锈钢碗：直径 100 mm，1 只。

（16）其他：研钵、搪瓷盘、铝盒、塑料袋等。

7.3　试验准备

7.3.1　标准亚甲蓝溶液的配制

（1）将亚甲蓝粉末置于鼓风烘箱最顶层，在（70±5）℃下烘干至恒重（若烘干温度超过 105℃，亚甲蓝粉末会变质），称取烘干亚甲蓝粉末 10 g，精确至 0.01 g。

（2）将洁净水的温度调整至 35℃～40℃，称取洁净水 990 g，精确至 0.1 g。

（3）将 10 g 亚甲蓝粉末倒入 990 g 洁净水中，开动叶轮搅拌机，持续搅拌 60 min 以上，直至亚甲蓝粉末完全溶解为止。

（4）待亚甲蓝粉末完全溶解后，立刻一次性将亚甲蓝标准溶液移入 1 L 棕色的磨砂广口玻璃瓶，冷却至 20℃。

（5）亚甲蓝标准溶液的保质期不应超过 28d，配制好的亚甲蓝标准溶液应标明制备日期、失效日期，并避光保存。

7.3.2　细集料的颗粒分析

（1）取具有代表性的细集料，用四分法将试样缩分至 500 g 以上的试样，置温度为 105℃±5℃的烘箱中烘干至恒重，冷却至室温后，准确称取 500 g±0.1 g 试样（m_0）两份。

四分法[①]按如下方法进行：将所取细集料样品风干后，在清洁、平整、坚硬的地面上，将样品堆成一个圆锥体，用平头铲翻动此锥体并形成一个新的锥体，如此重复进行三次。在形成每一个锥体时，铲中的料要放在锥体的顶部，使滑到锥体边部的料尽可能分布均匀，并

---

① 本书的"四分法"，参照已经废止的 JTJ 057—94《公路工程无机结合料稳定材料试验规程》"总则"第 1.0.3-（1）条的"四分法"，现行的 JTJ E51—2009《公路工程无机结合料稳定材料试验规程》的"总则"没有此"四分法"。

使锥体的中心不移动。将平头铲反复交错垂直插入最后一个锥体的顶部,每次提起平头铲时不得带有样品,直至锥体顶面变平,使已变成平顶的锥体料堆沿两个垂直的直径分成四部分,这四部分料的质量应基本相同。将对角的一对料铲到一边,将剩余的一对料铲在一起,重复上述操作,直至对角的一对料达到要求的样品质量。

(2) 取一份试样置于容量筒中,加入洁净的水,使水面高出砂面约 200 mm,充分拌和均匀,浸泡 24 h。

(3) 如细集料含有泥块,用手在水中拧捻细集料中的泥块,使泥块中的泥与砂粒完全分离,将容量筒中的试样缓缓用洁净的水冲洗至 0.075 mm 筛内。

(4) 将 0.075 mm 筛及其筛上试样置于一个盛有洁净水的容器中,来回水平摇动 0.075 mm 筛,以充分洗除试样中小于 0.075 mm 的颗粒。

进行筛洗时,水面应高出筛中砂粒的表面约 20 mm,不允许用水直接冲洗试样,也不允许上下摇动 0.075 mm 筛,以防止大于 0.075 mm 的颗粒由于水的压力而被清洗掉。

(5) 再次加水于容器中,重复上述过程,直至容器洗出的水清澈为止。

(6) 将 0.075 mm 筛上的颗粒全部移入搪瓷盘,置温度为 105℃±5℃的烘箱中烘干至恒重,冷却至室温,将烘干的试样倒入 0.075 mm 筛及其以上套筛上。

(7) 将套筛及其筛上试样置于摇筛机,开动摇筛机,摇筛约 5 min,取出套筛,再按筛孔大小顺序,从最大的筛号开始,在洁净的搪瓷盘上逐个进行手筛。

进行筛分时,手握标准筛的位置应不断变换,不但使集料在筛面上同时有水平方向及上下方向的不停顿运动,而且不停用手轻拍筛壁,直至试样在 1 min 内无明显的筛出物为止。

(8) 将筛出的颗粒并入下一号筛,与下一号筛中的试样一起过筛,如此顺序进行,直至各号筛全部筛完为止。

(9) 在整个试验过程中,应注意避免大于 0.075 mm 的颗粒丢失。

(10) 称量各号筛筛上试样的质量,精确至 0.1 g。

(11) 按上述方法对另一个试样进行试验。

(12) 计算两个试样 9.5～4.75 mm、4.75～2.36 mm、2.36～1.18 mm、1.18～0.60 mm、0.60～0.30 mm、0.30～0.15 mm、0.15～0.075 mm、小于 0.075 mm 粒级的分计筛余百分率及其平均分计筛余百分率,两个试样 0.075 mm 及其以上各粒级的分计筛余百分率之差应小于或等于 5%、小于 0.075 mm 粒级的分计筛余百分率之差应小于或等于 2%,否则,应重新取样按上述方法进行试验。①

---

① 根据本书第 5 章第 5.2.5 小节"不同石粉含量的差异"的试验结果可知,石粉含量每增加 1%,除表 5-30 样品 P₂ 所加入的亚甲蓝标准溶液增加量为 1.4 g((42−32)/7≈1.4 g)外,表 5-26 样品 P、表 5-27 样品 P′、表 5-28 样品 P₁、表 5-29 样品 P₃ 所加入的亚甲蓝标准溶液增加量只有 0～0.4 g,而含泥量每增加 1%,各个样品所加入的亚甲蓝标准溶液增加量在 4～10 g。因此,如果两个试样小于 0.075 mm 粒级的分计筛余百分率之差控制在小于或等于 2%,标准样品石粉含量的误差将控制在 1% 以内,而标准样品石粉含量的误差如能控制在 1% 以内,标准样品含泥量的误差即可控制在 0.5% 以下,故规定两个样品小于 0.075 mm 粒级的分计筛余百分率之差控制在小于或等于 2% 是合理的;由于 0.075 mm 及其以上各粒级的颗粒比表面积较小,吸附的亚甲蓝标准溶液量可以忽略不计,故两个试样 0.075 mm 及其以上各粒级的分计筛余百分率之差可以放宽至小于或等于 5%;各粒级的分计筛余百分率,也就是各号筛上试样的质量占试样总质量的百分率。

7.3.3 标准细集料的制备

1. 人工砂标准样品的制备

（1）若细集料为人工砂，采用风干的人工砂，用 1.18 mm 方孔筛过筛，取 1.18 mm 筛上试样约 3 000 g。

（2）按第 7.3.2 节所述的试验方法，对 1.18 mm 筛上试样进行水洗，将经过水洗后的 1.18 mm 以上试样装入洁净的搪瓷盘，置温度为 105℃±5℃的烘箱中烘干至恒重后，冷却至室温，得到全部由母岩矿物成分组成的 1.18 mm 以上颗粒。

（3）将经过烘干后的 1.18 mm 以上试样装入 2005 年版《集料试验规程》T0316-2005 "粗集料压碎值试验"的压碎指标值测定仪试模中，整平试样的表面，把加压头放入试模，将压碎指标值测定仪及试样置于压力机上，开动压力机，均匀施加荷载至 600kN 左右，稳定 1 min，卸荷，将试模从压力机取下，把压碎的 0～9.5 mm 人工砂装入洁净的搪瓷盘。

（4）按第 7.3.2 节所述的试验方法，采用 4.75 mm、2.36 mm、1.18 mm、0.60 mm、0.30 mm、0.15 mm、0.075 mm 方孔筛、底盘，分批次筛分被压碎的 0～9.5 mm 人工砂。

（5）将底盘中小于 0.075 mm 的砂粒装入洁净的铝盒后备用。

（6）按第 7.3.2 节所述的试验方法，采用 0.075 mm 方孔筛对筛分好的 9.5～4.75 mm、4.75～2.36 mm、2.36～1.18 mm、1.18～0.60 mm、0.60～0.30 mm、0.30～0.15 mm、0.15～0.075 mm 各粒级人工砂分别进行水洗，充分洗除粘附在各粒级人工砂表面的小于 0.075 mm 的砂粒。

（7）将清洗干净后的 9.5～4.75 mm、4.75～2.36 mm、2.36～1.18 mm、1.18～0.60 mm、0.60～0.30 mm、0.30～0.15 mm、0.15～0.075 mm 各粒级人工砂分别倒入洁净的铝盒，置 105℃±5℃的烘箱烘干至恒重，冷却至室温后备用。

2. 天然砂标准样品的制备

（1）若细集料为天然砂，风干并缩分后，取大于 3 000 g 的两份试样备用。

（2）取一份试样按第 7.3.2 节所述的试验方法，采用 0.075 mm 筛直接对 0～9.5 mm 天然砂进行水洗，将经过水洗后的 0.075 mm 以上试样装入洁净的搪瓷盘，置温度为 105℃±5℃的烘箱中烘干至恒重，冷却至室温，得到全部由天然砂母岩矿物成分组成的 0.075 mm 及其以上的颗粒。

（3）按第 7.3.2 节所述的试验方法，采用 4.75 mm、2.36 mm、1.18 mm、0.60 mm、0.30 mm、0.15 mm、0.075 mm 方孔筛及底盘，分批次筛分已经过水洗、烘干的 0.075 mm 及其以上天然砂。

（4）将 4.75 mm、2.36 mm、1.18 mm、0.60 mm、0.30 mm、0.15 mm、0.075 mm 筛上的试样装入洁净的铝盒备用。

（5）取另一份试样按"1. 人工砂标准样品的制备"第（2）条、第（3）条的试验方法，得到全部由天然砂母岩矿物成分组成的 0～9.5 mm 以上颗粒后，用 0.075 mm 方孔筛分批次筛分 0～9.5 mm 以上的颗粒，取 0.075 mm 筛下颗粒作为小于 0.075 mm 的试样备用。

7.3.4 标准土样的制备

（1）根据细集料最有可能受到污染的土源，取 1 000 g 以上具有代表性的土样。

① 如果是采石场生产的人工砂，最有可能受到污染的土源为采石场表面没有清除干净的土层。

② 如果是采用隧道洞碴生产的人工砂,最有可能受到污染的土源为岩石夹层中的土层。

③ 如果是天然砂,最有可能受到污染的土源为河床的淤泥或采砂场的场地(采砂场的场地一般没有经过混凝土硬化处理)。

④ 如果采石场或采砂场配备专用的输送带清除泥土,可在输送带下直接取输送带清除出来的泥土(图7-1)。

⑤ 如果细集料在运输过程中或在拌合站内受到二次污染,可直接在拌合站细集料的料仓内取细集料最下层的细粉。

图7-1 清除泥土的专用输送带

(2) 将土样置于5 L容量筒中,注入洁净的水,水面距离容量筒顶面约50 mm,用手在水中淘洗土样,将小于0.075 mm的颗粒分离并悬浮水中,静置1 min,缓缓地将浑浊液倒入上面放置0.075 mm筛的10 L容量筒,重复上述操作,直至得到数量足够的浑浊液。

(3) 搅拌容量筒中的浑浊液,静置1 min,缓缓地将浑浊液倒入搪瓷盘,重复上述操作,直至搪瓷盘盛满浑浊液。

(4) 静置、滤去搪瓷盘中的清水,将搪瓷盘置105℃±5℃的烘箱烘干至恒重,冷却至室温。

(5) 将烘干的块状土样分批次放入研钵内研磨,用0.075 mm方孔筛过筛,取0.075 mm筛下的土样约100 g(配制一个标准试样,至少需要42 g土),用塑料袋包装、密封。

7.3.5 标准样品的制备

(1) 利用第7.3.3节、第7.3.4节已制备好的标准细集料及标准土样,制备7个含泥量分别为0%、1%、2%、3%、4%、5%、6%的标准样品,一个标准样品制备两个试样,一个试样的质量为200 g。

(2) 含泥量为零的标准样品,根据第7.3.2节"细集料的颗粒分析"测定的9.5～4.75 mm、4.75～2.36 mm、2.36～1.18 mm、1.18～0.60 mm、0.60～0.30 mm、0.30～0.15 mm、0.15～0.075 mm、小于0.075 mm粒级试样的平均分计筛余百分率,称取标准样品各粒级试样的质量。

(3) 含泥量为1%、2%、3%、4%、5%、6%的标准样品,其4.75～2.36 mm、2.36～1.18 mm、1.18～0.60 mm、0.60～0.30 mm、0.30～0.15 mm、0.15～0.075 mm粒级试样的质量,与含泥量为零的标准样品完全相同,而标准样品的含泥量每增加1%,其9.5～4.75 mm粒级(如果细集料没有9.5～4.75 mm粒级,则为4.75～2.36 mm粒级,依此类推)试样的质量,比含泥量为0%的标准样品减少2 g,小于0.075 mm粒级试样的质量,则比含泥量为零的标准样品增加2 g的泥。

7.3.6 标准样品悬浊液的制备

(1) 称取第一次加入亚甲蓝标准溶液的质量,精确至0.1 g。每个试样第一次色晕检验加入的亚甲蓝标准溶液量,根据石质、土质的不同以及含泥量的大小而有所不同。如果试样的含泥量为零,第一次色晕检验加入的亚甲蓝标准溶液量应从2 g开始。

（2）将制备好的标准样品及称取好的亚甲蓝标准溶液依次倒入盛有 500 g±5 g 洁净水的烧杯中，调整叶轮搅拌器的叶轮与烧杯底部之间的距离（约 10 mm），开动叶轮搅拌机，将叶轮搅拌器的速度调整至足以使标准样品各规格的颗粒及泥土完全悬浮于溶液中，持续搅拌 5 min 以上，形成悬浊液后，保持同一转速不断搅拌，直到试验结束。

7.3.7 标准样品亚甲蓝标准溶液吸附量的测定

（1）将滤纸架空放置在敞口不锈钢碗的顶部，使其不与任何其他物品接触。

（2）标准样品悬浊液在加入亚甲蓝标准溶液并经持续搅拌 5 min 起，用玻璃棒沾取一滴悬浊液，滴于滤纸上，进行第一次色晕检验，液滴的数量应使沉淀物的直径保持在 8～12 mm 之间，液滴在滤纸上形成环状，中间是细集料沉淀物，外围环绕一圈无色的水环，当在沉淀物边缘放射出一个宽度约 1 mm 的浅蓝色色晕时，表明细集料吸附的亚甲蓝标准溶液已经饱和，从而出现游漓的亚甲蓝标准溶液，此时的试验结果称为阳性。

（3）如果第一次加入的亚甲蓝标准溶液不能使沉淀物周围出现明显的色晕，再向悬浊液加入 2 g 亚甲蓝标准溶液，继续搅拌 5 min，用玻璃棒沾取一滴悬浊液，滴于滤纸上，进行第二次色晕试验，若沉淀物边缘仍未出现色晕，重复上述步骤。

（4）当沉淀物边缘开始出现色晕时，改向悬浊液加入 1 g 亚甲蓝标准溶液，继续搅拌 5 min 后进行色晕试验，直到沉淀物边缘放射出约 1 mm 的浅蓝色色晕。

（5）停止滴加亚甲蓝标准溶液，继续搅拌悬浊液，5 min 后再进行一次色晕试验，若色晕消失，再加入 1 g 亚甲蓝标准溶液，直至浅蓝色的色晕可持续 5 min 为止（由于细集料及泥粉吸附亚甲蓝需要一定的时间才能完成，在最终色晕试验时，需连续进行 5 次色晕检验并持续出现明显的浅蓝色色晕方为有效）。

（6）记录色晕持续 5 min 时最终色晕检验所加入的亚甲蓝溶液总质量，精确至 1 g。

（7）其他几个含泥量的标准样品，按第 7.3.6 节第（1）、（2）条及第 7.3.7 节第（1）—（6）条所述的方法进行亚甲蓝滴定试验，记录色晕持续 5 min 时最终色晕检验加入的亚甲蓝标准溶液总质量，精确至 1 g。其他几个含泥量标准样品第一次色晕检验加入的亚甲蓝标准溶液量，根据上一个含泥量标准样品（即比它少 1% 含泥量的标准样品）最终色晕检验所加入的亚甲蓝标准溶液总质量而定，可比上一个含泥量标准样品最终色晕检验所加入的亚甲蓝标准溶液总质量少 2 g，且至少搅拌 10 min 后方可进行第一次色晕检验。

（8）各个含泥量标准样品应按上述方法进行两次平行测定，同一个含泥量标准样品两个试样所加入的亚甲蓝标准溶液总质量之差应小于或等于 2 g，否则，应重新取样试验。

（9）每次色晕检验时，需要注意以下几个事项：一是每次进行色晕检验前，需用力摇晃装有亚甲蓝标准溶液的容量瓶，以便容量瓶内亚甲蓝标准溶液的浓度更加均匀；二是每次加入亚甲蓝标准溶液后，需用玻璃棒把容量瓶壁上的颗粒刮回悬浊液中，以便容量瓶壁上的颗粒能吸附更多的亚甲蓝标准溶液；三是滴定时手不能颤抖，否则液滴很容易在滴定途中直接掉落在滤纸上，从而无法形成直径 8～12 mm 的环状沉淀物；四是玻璃棒沾取液滴的数量要适中，液滴的数量太多，容易使掉落在滤纸上的液滴形成直径大于 12 mm 的环状沉淀物，液滴的数量太少，很难滴出沉淀物或滴出的环状沉淀物的直径小于 8 mm；五是玻璃棒与滤纸的距离要保持在 10～20 mm 之间，玻璃棒与滤纸的距离太远，环状沉淀物的直径可能大于 12 mm,玻璃棒与滤纸的距离太近,环状沉淀物的直径可能小于 8 mm;六是试验结束后应立即用洁净水彻底清洗试验用容器,清洗后的容器不得含有清洁剂成分,并将这些容器作为亚甲蓝滴出法的专用容器。

7.3.8　一元线性回归方程式的建立

(1) 以各个含泥量标准样品两个试样最终色晕检验所加入的亚甲蓝标准溶液总质量的平均值设定为 x,相应的标准含泥量设定为 y,建立一元线性回归方程式 $y = bx + a$,其线性相关系数 r 应大于 0.99,否则,应重新取样试验。

(2) 如细集料的料源或土的污染源发生变化,必须重新取样试验,并建立新的一元线性回归方程式。

7.4　试验步骤

(1) 取具有代表性的细集料,按四分法缩分至 200 g 以上,取对角的两份试样置温度为 105℃±5℃的烘箱中烘干至恒重,冷却至室温后备用。

(2) 称取试样 200 g,精确至 0.1 g。

(3) 称取含泥量为零的标准样品所加入的亚甲蓝标准溶液总质量,精确至 0.1 g。

(4) 按第 7.3.6 节第(1)、(2)条及第 7.3.7 节第(1)—(6)条所述方法,对两个试样进行亚甲蓝滴定试验。

(5) 分别记录两个试样最终色晕检验所加入的亚甲蓝标准溶液总质量,精确至 1 g。

(6) 利用已建立的一元线性回归方程式 $y = bx + a$,根据试样最终色晕检验所加入的亚甲蓝标准溶液总质量,确定两个试样的含泥量,精确至 0.1%。

7.5　结果整理

试验应进行两次平行测定,以两个试样含泥量的算术平均值作为细集料含泥量的测定值,精确至 0.1%。如两次结果的差值超过 0.5%,应重新取样进行试验。

7.6　结果验证

为了验证标准样品得到的一元线性回归方程式是否正确,下面采用与本书样品 A、样品 B、样品 H 相同试剂、材料的试样进行亚甲蓝试验。

表 7-1 是采用标准含泥量分别为 0.5%、1.5%、2.5%、3.5%、4.5%、5.5% 的三分部石场 0~2.36 mm 人工砂、YBK97+000 土、浙江中速定性滤纸、生产日期为 2013 年 3 月 9 日的天津亚甲蓝、自来水进行验证的试验结果。

表 7-1　验证试验试样的亚甲蓝溶液加入量

岩石类别	试样粒级/mm	试样质量/g	标准含泥量	加入亚甲蓝溶液量/g
石灰岩	0~2.36	200	0.5%	6
			1.5%	14
			2.5%	24
			3.5%	32
			4.5%	38
			5.5%	46

如果利用样品 A 建立的一元线性回归方程式 $y = 0.129x - 0.372$(样品 A 的一元线性回归方程式 $y = 0.129x - 0.372$,见表 5-3),并根据表 7-1 中各个试样所加入的亚甲蓝溶液量,则表 7-1 中各个试样测定的含泥量见表 7-2。

表 7-2　验证试验测定的样品 A 含泥量

岩石类别	试样粒级/mm	试样质量/g	标准含泥量	实测含泥量
石灰岩	0~2.36	200	0.5%	0.4%
			1.5%	1.4%
			2.5%	2.7%
			3.5%	3.8%
			4.5%	4.5%
			5.5%	5.6%

如果利用样品 B 建立的一元线性回归方程式 $y = 0.133x - 0.667$(样品 B 的一元线性回归方程式 $y = 0.133x - 0.667$,见表 5-4),并根据表 7-1 中各个试样所加入的亚甲蓝溶液量,则表 7-1 中各个试样测定的含泥量见表 7-3。

表 7-3　验证试验测定的样品 B 含泥量

岩石类别	试样粒级/mm	试样质量/g	标准含泥量	实测含泥量
石灰岩	0~2.36	200	0.5%	0.1%
			1.5%	1.2%
			2.5%	2.5%
			3.5%	3.6%
			4.5%	4.4%
			5.5%	5.5%

如果利用样品 H 建立的一元线性回归方程式 $y = 0.127x - 0.302$(样品 H 的一元线性

回归方程式 $y = 0.127x - 0.302$，见表 5-5)，并根据表 7-1 中各个试样所加入的亚甲蓝溶液量，则表 7-1 中各个试样测定的含泥量见表 7-4。

表 7-4　验证试验测定的样品 H 含泥量

岩石类别	试样粒级/mm	试样质量/g	标准含泥量	实测含泥量
石灰岩	0~2.36	200	0.5%	0.5%
			1.5%	1.5%
			2.5%	2.7%
			3.5%	3.8%
			4.5%	4.5%
			5.5%	5.5%

如果利用样品 A、样品 B 建立的一元线性回归方程式 $y = 0.131x - 0.518$(样品 A 与样品 B 的一元线性回归方程式 $y = 0.131x - 0.518$，见表 5-11)，并根据表 7-1 中各个试样所加入的亚甲蓝溶液量，则表 7-1 中各个试样测定的含泥量见表 7-5。

表 7-5　验证试验测定的样品 A、样品 B 含泥量

岩石类别	试样粒级/mm	试样质量/g	标准含泥量	实测含泥量
石灰岩	0~2.36	200	0.5%	0.3%
			1.5%	1.3%
			2.5%	2.6%
			3.5%	3.7%
			4.5%	4.5%
			5.5%	5.5%

根据表 7-2—表 7-5 的验证结果可知，无论是采用样品 A 建立的一元线性回归方程式，还是采用样品 B 建立的一元线性回归方程式，或是采用样品 H 建立的一元线性回归方程式，或是采用样品 A 与样品 B 建立的一元线性回归方程式，4 个一元线性回归方程式测定的含泥量，与标准的含泥量误差均在 0%～0.4% 内。

因此，如果采用本书的亚甲蓝滴定法测定细集料的含泥量，细集料的含泥量至少可以准确至 0.5% 以内，从而可以更好地控制土木工程的质量。

第8章

细集料含粉量试验(水洗法)

根据本书第 3 章第 3.2 节"试验结果"可知,现行国家标准及各行业标准各版本的筛洗法,并不能准确测定天然砂、人工砂等各种细集料小于 0.075 mm 的颗粒含量(即细集料的含粉量)。

为了与现行国家标准及各行业标准细集料含粉量的试验方法有所区别,本书的试验方法命名为"细集料含粉量试验(水洗法)"。

8.1 试验目的与适用范围

本方法适用于测定天然砂、人工砂、混合砂、石屑等各种细集料中小于 0.075 mm 的颗粒含量。

8.2 材料与仪器设备

(1)鼓风烘箱:能使温度控制在 105℃±5℃,数量 1 个。

(2)电子天平:称量 2 000 g,感量 0.01 g,数量 1 台。

(3)标准筛:0.075 mm 方孔筛 1 只。

(4)其他:容量筒、容器、搪瓷盘等。

8.3 试验步骤

(1)取具有代表性的细集料,按第 7 章"细集料含泥量试验(亚甲蓝滴定法)"所述的四分法缩分至 400 g 以上,取对角的两份试样置温度为 105℃±5℃的烘箱中烘干至恒重,冷却至室温后,准确称取 400 g±0.1 g(m_0)两份试样备用。

(2)取一份试样置容量筒中,加入洁净的水,使水面高出砂面约 200 mm,充分拌和均匀,浸泡 24 h 后,用手在水中拧捻试样中的泥块,使泥块中的泥与砂粒完全分离。

(3)将容量筒中的试样缓缓用洁净水冲洗至 0.075 mm 筛内,然后把 0.075 mm 筛及其筛上试样置于一个盛有洁净水的容器中,来回水平摇动 0.075 mm 筛,以充分洗除细集料中小于 0.075 mm 的颗粒。

(4) 再次加水于容器中,重复上述过程,直至容器洗出的水清澈为止。水洗时,不允许上下摇动 0.075 mm 筛,也不允许用水直接冲洗,以防止大于 0.075 mm 的颗粒由于水的压力而被清洗除;在整个试验过程中,应注意避免大于 0.075 mm 的颗粒丢失。

(5) 将 0.075 mm 筛上的颗粒全部移入搪瓷盘,置温度为 105℃±5℃ 的烘箱中烘干至恒重,冷却至室温,称取烘干试样的质量(m_1),精确至 0.01 g。

(6) 按上述方法进行另一个样品的含粉量试验。

8.4　计算

细集料的含粉量按式(8-1)计算,精确至 0.1%。

$$Q_n = \frac{m_0 - m_1}{m_0} \times 100 \qquad (8-1)$$

式中　Q_n——细集料的含粉量（%）;

　　　m_0——试验前的烘干试样质量(g);

　　　m_1——试验后的烘干试样质量(g)。

8.5　结果整理

试验应进行两次平行测定,以两个试样含粉量的算术平均值作为细集料含粉量的测定值,精确至 0.1%。如果两次结果的差值超过 0.5%,应重新取样进行试验。

各标准样品亚甲蓝溶液量的滴定过程^①

样品 A：三分部石场 0～2.36 mm 人工砂、YBK97＋000 土、浙江中速定性滤纸、生产日期为 2013 年 3 月 9 日的天津亚甲蓝、自来水。

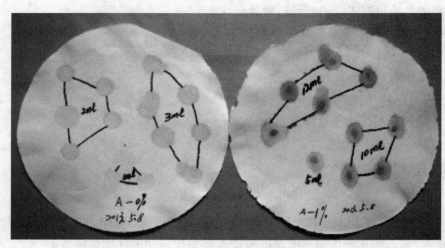

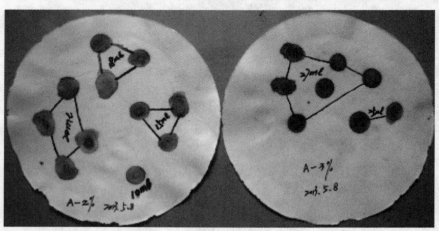

---

① 各图中加入亚甲蓝溶液量的单位(ml)，实际上以 g 为单位，由于前面试验时的笔误，故后面的试验也没有进行更正。

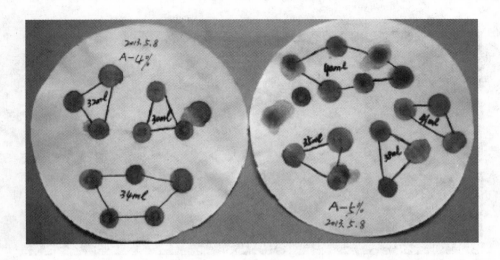

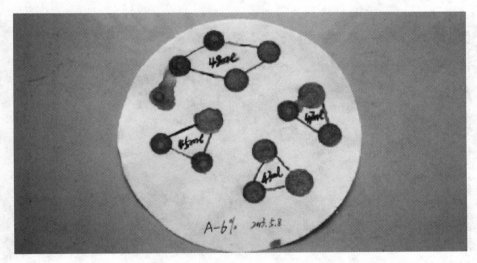

样品 B：三分部石场 0～2.36 mm 人工砂、YBK97＋000 土、浙江中速定性滤纸、生产日期为 2013 年 3 月 9 日的天津亚甲蓝、自来水。

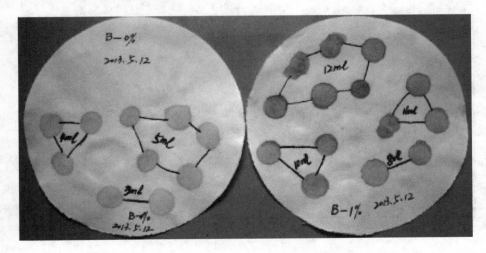

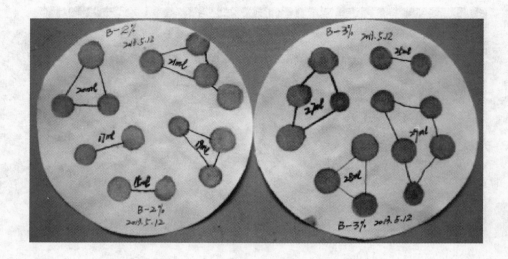

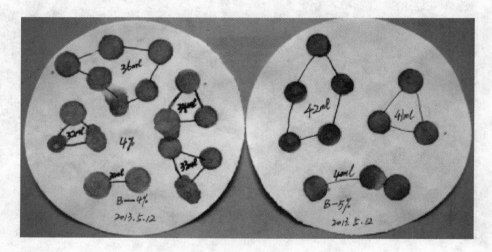

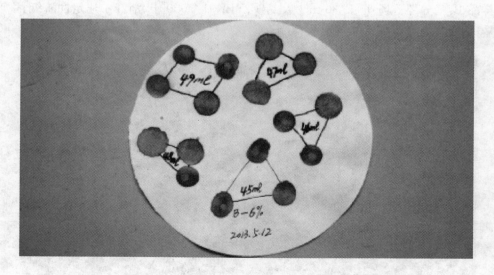

样品 C：三分部石场 0～0.15 mm 矿粉、YBK97＋000 土、浙江中速定性滤纸、生产日期为 2013 年 3 月 9 日的天津亚甲蓝、自来水。

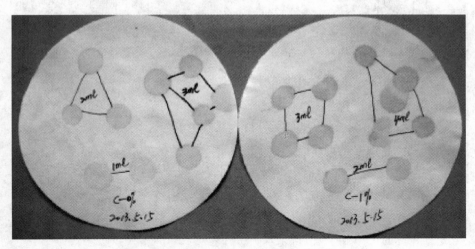

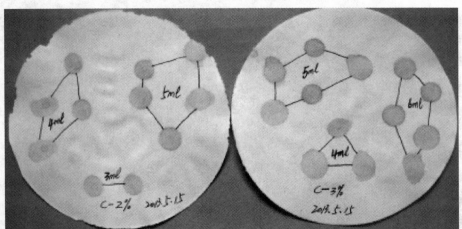

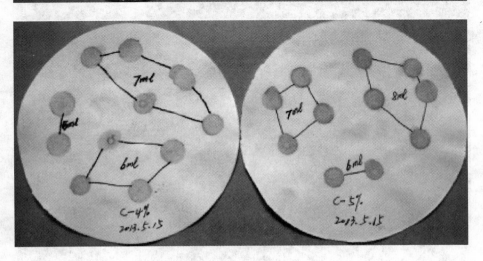

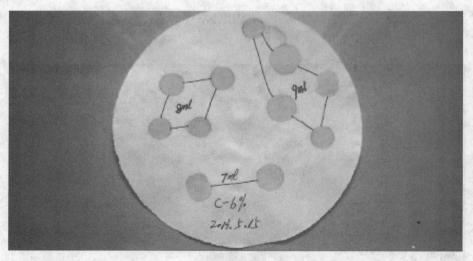

样品 D：泗梨石场 0～2.36 mm 人工砂、YBK97＋000 土、浙江中速定性滤纸、生产日期为 2013 年 3 月 9 日的天津亚甲蓝、自来水。

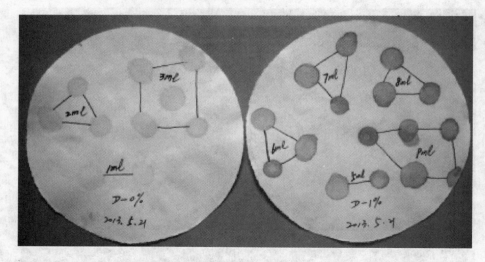

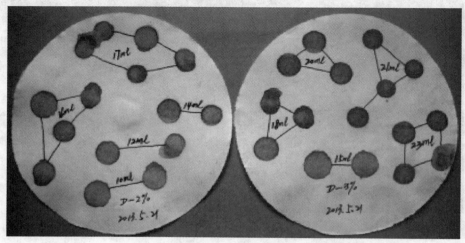

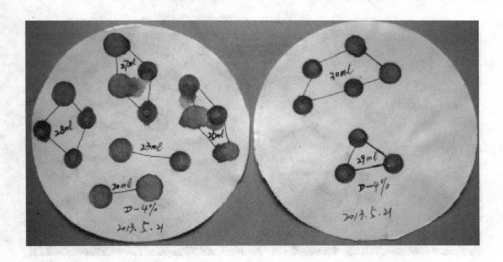

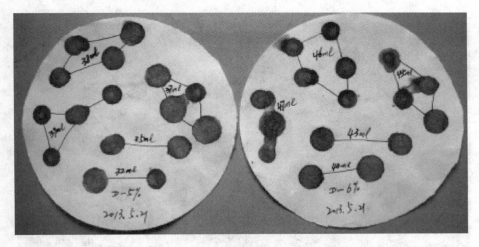

样品 E：西南石场 0～2.36 mm 人工砂、YBK97＋000 土、浙江中速定性滤纸、生产日期为 2013 年 3 月 9 日的天津亚甲蓝、自来水。

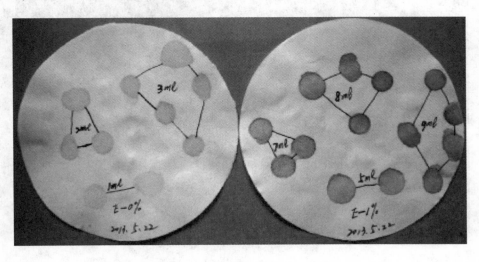

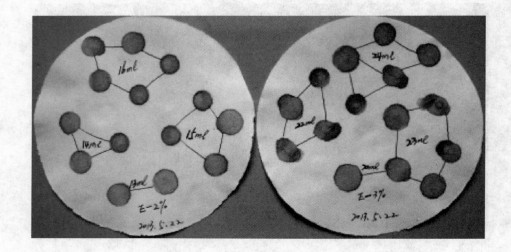

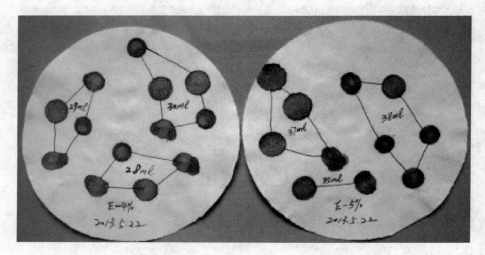

样品 F：三分部石场 0～0.15 mm 矿粉、YBK97＋000 土、浙江中速定性滤纸、生产日期为 2013 年 3 月 9 日的天津亚甲蓝、自来水。

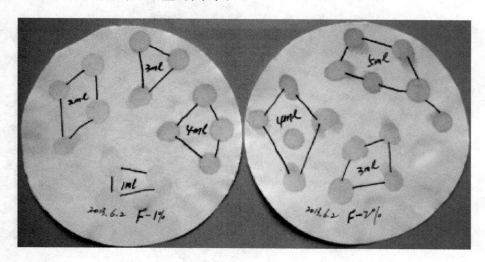

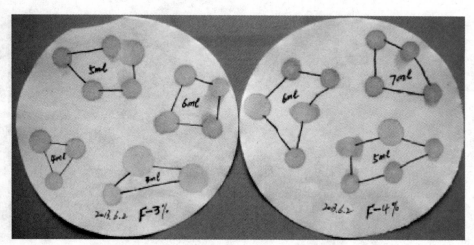

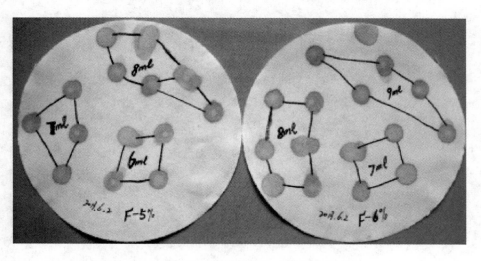

样品 G：三分部石场 0～2.36 mm 人工砂、YBK97＋000 土、浙江中速定性滤纸、生产日期为 2011 年 6 月 1 日的上海亚甲蓝、自来水。

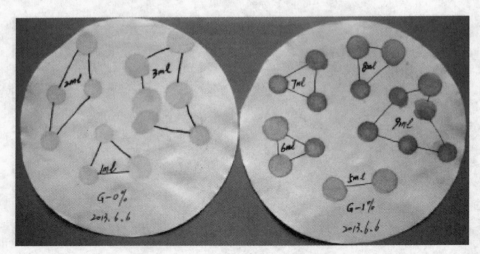

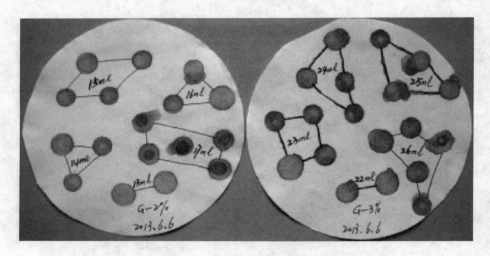

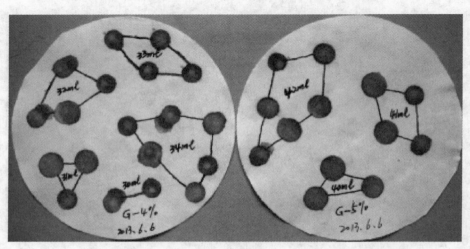

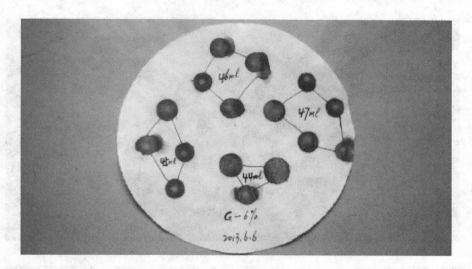

样品 H：三分部石场 0～2.36 mm 人工砂、YBK97＋000 土、浙江中速定性滤纸、生产日期为 2013 年 3 月 9 日的天津亚甲蓝、自来水。

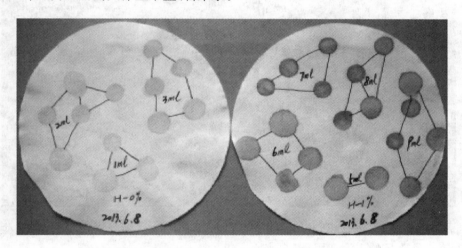

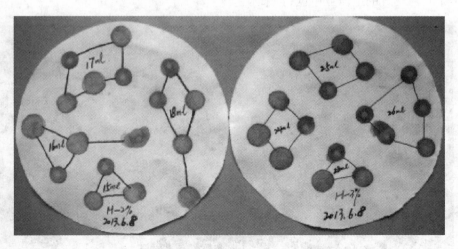

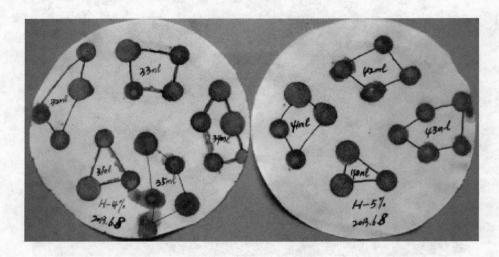

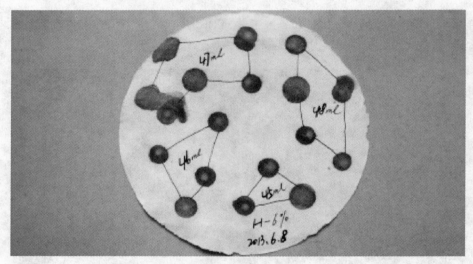

　　样品 I:枢纽石场 0～2.36 mm 人工砂、YBK97＋000 土、浙江中速定性滤纸、生产日期为 2011 年 6 月 1 日的上海亚甲蓝、自来水。

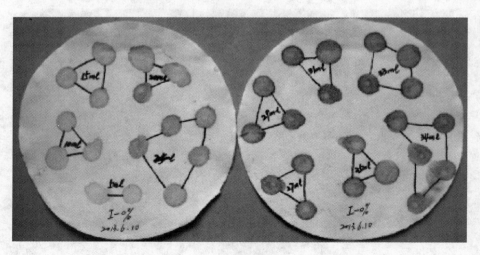

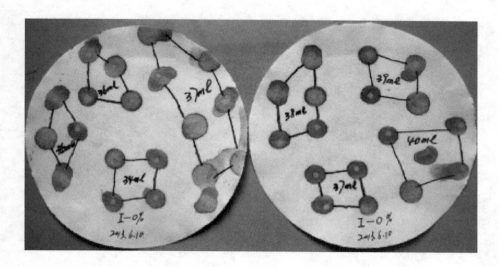

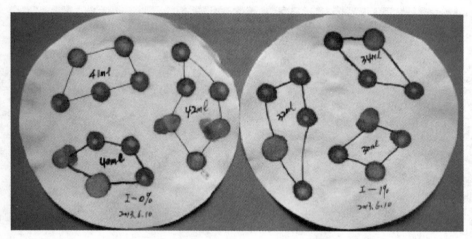

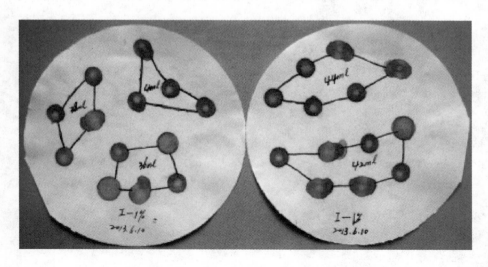

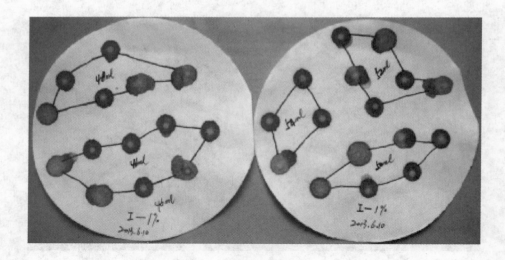

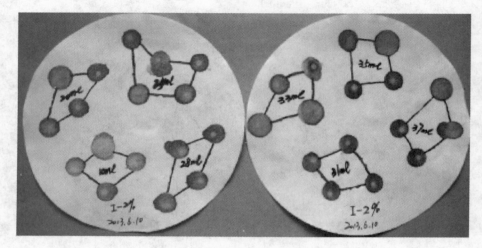

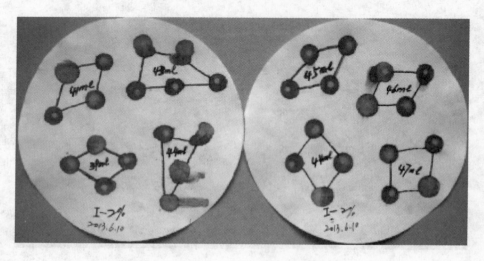

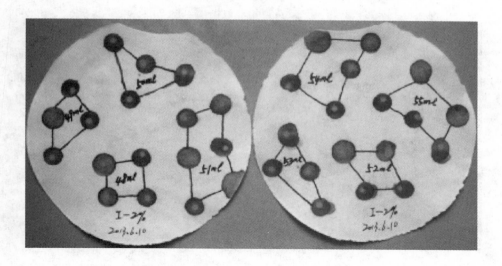

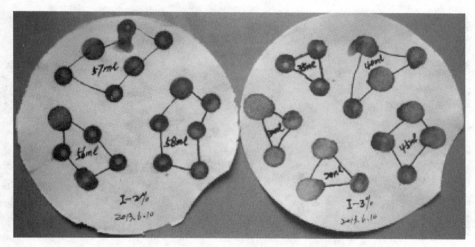

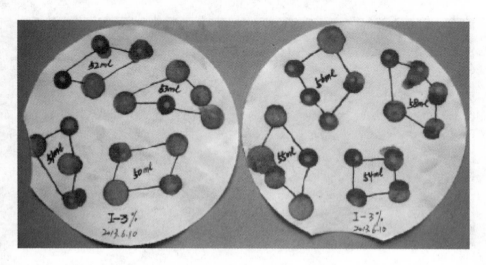

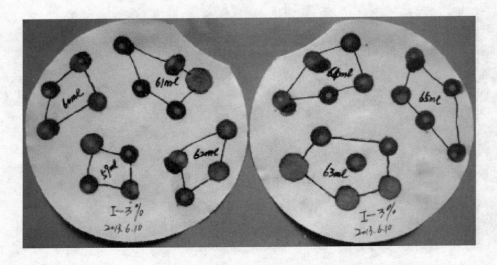

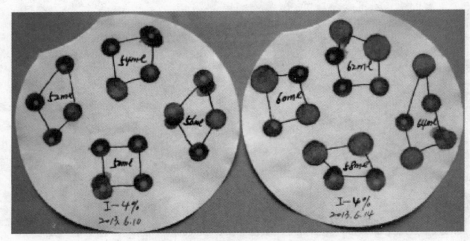

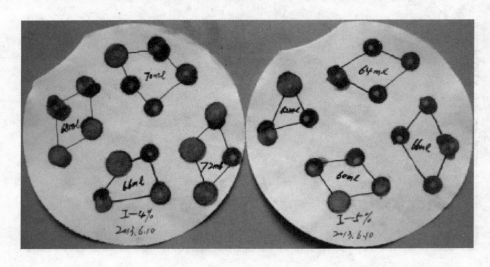

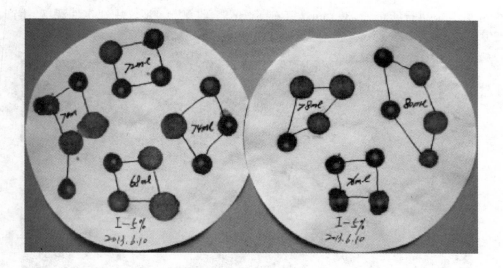

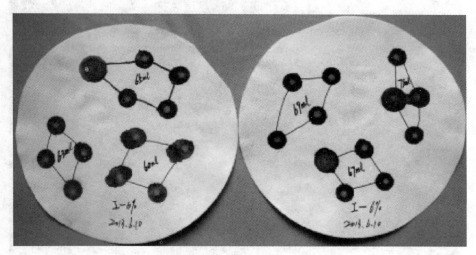

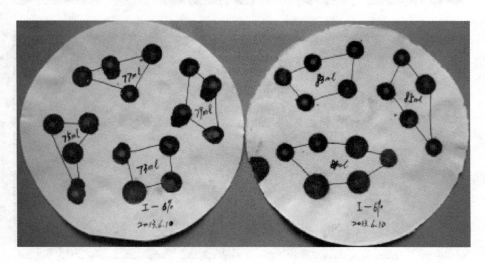

样品 J：枢纽石场 0～2.36 mm 人工砂、YBK97＋000 土、浙江中速定性滤纸、生产日期为 2011 年 4 月 22 日的天津亚甲蓝、自来水。

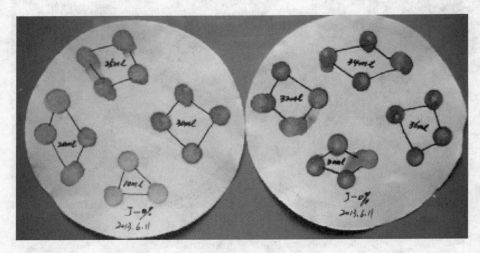

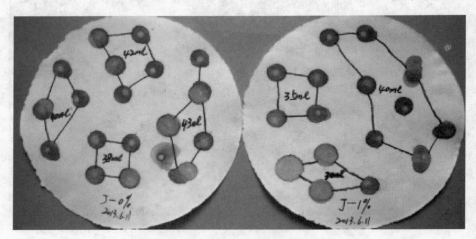

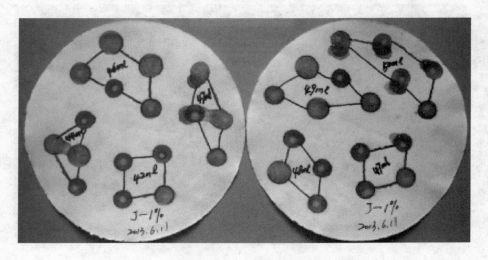

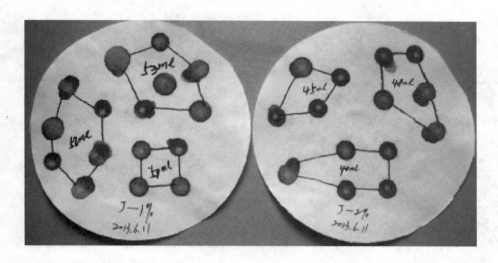

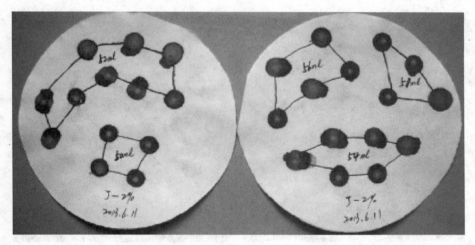

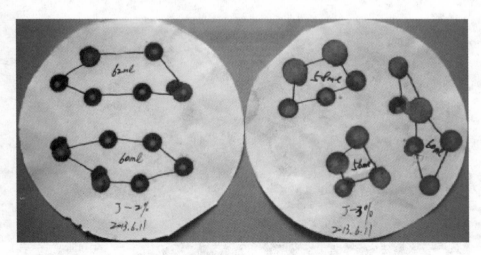

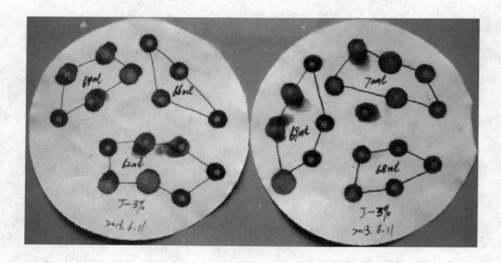

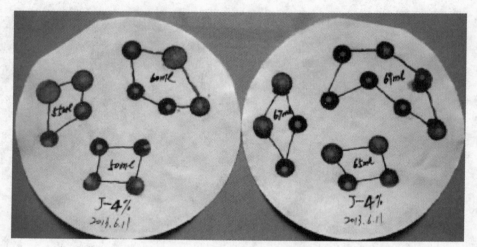

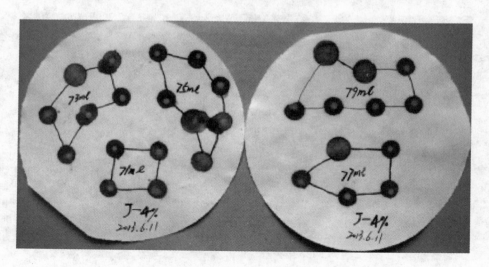

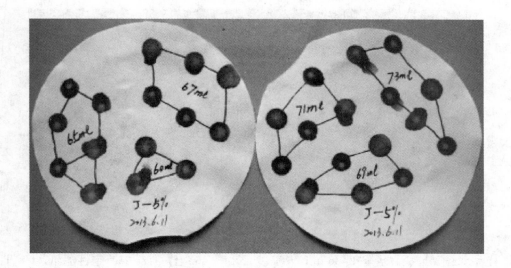

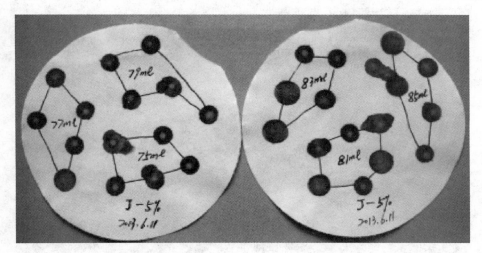

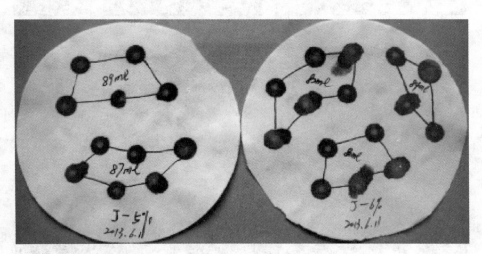

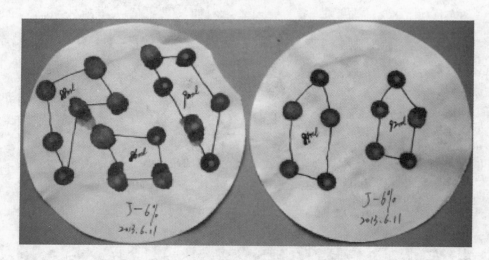

样品 K：三分部石场 0～2.36 mm 人工砂、K14＋468 土、浙江中速定性滤纸、生产日期为 2013 年 3 月 9 日的天津亚甲蓝、自来水。

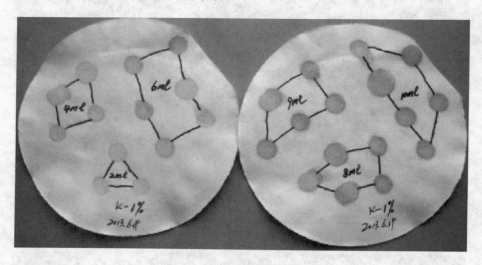

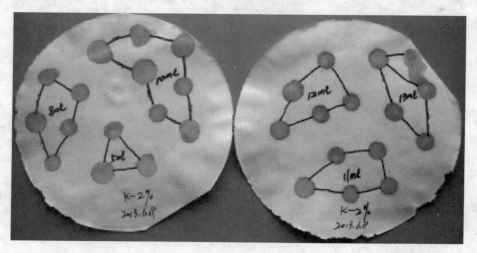

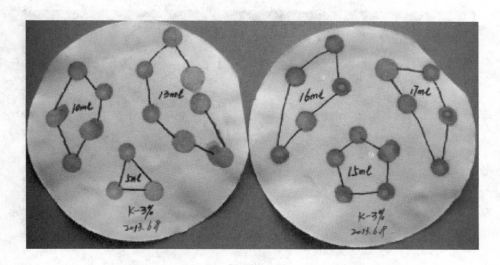

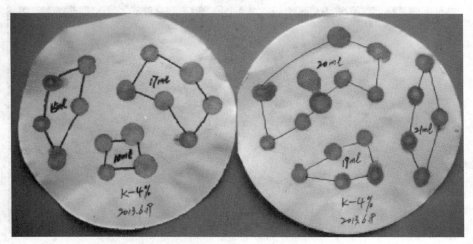

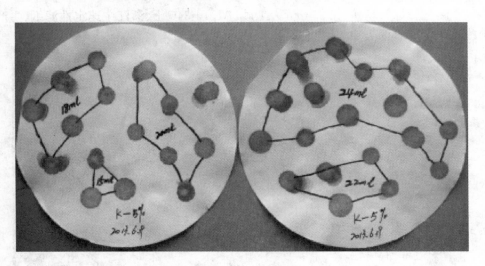

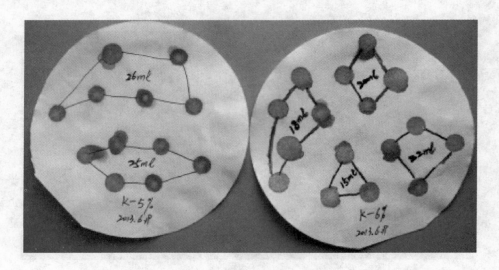

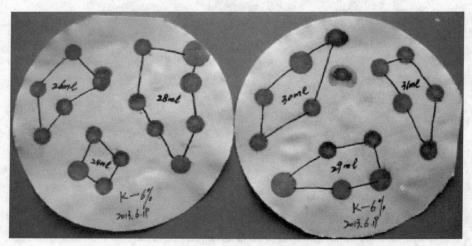

样品 L：三分部石场 0～2.36 mm 人工砂、AK0＋340 土、浙江中速定性滤纸、生产日期为 2013 年 3 月 9 日的天津亚甲蓝、自来水。

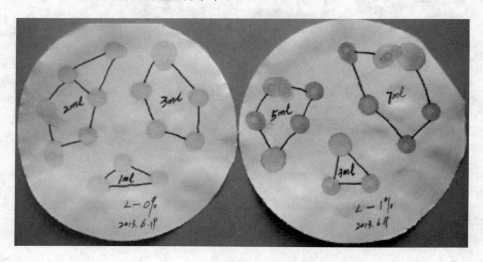

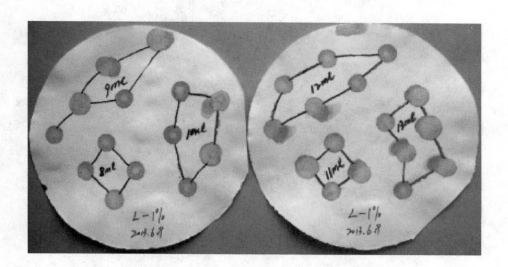

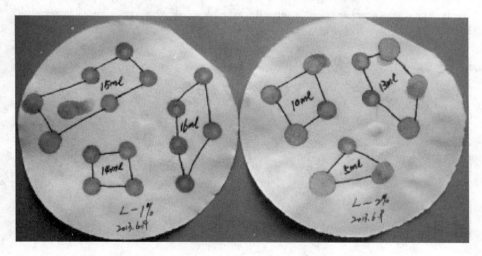

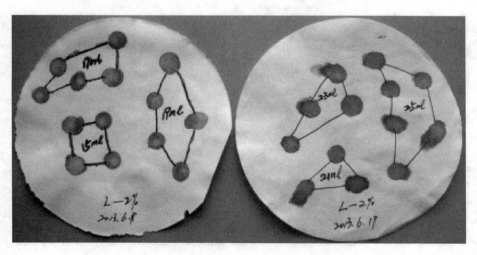

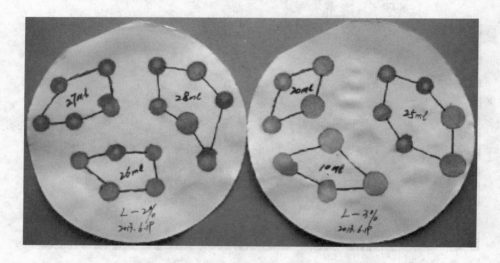

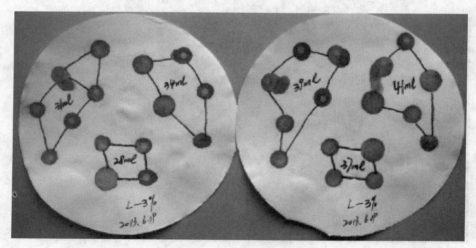

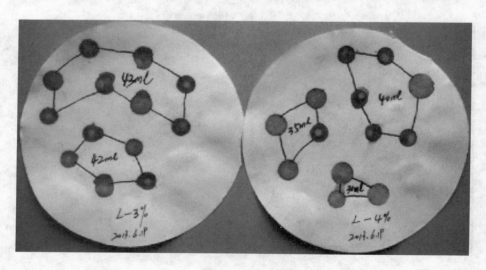

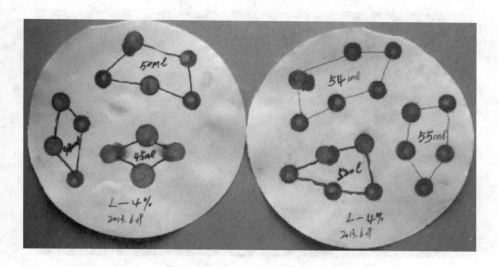

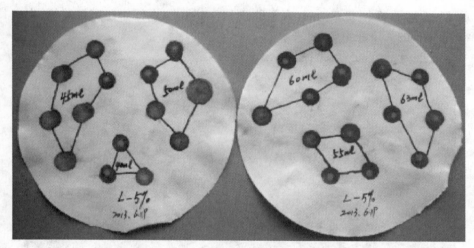

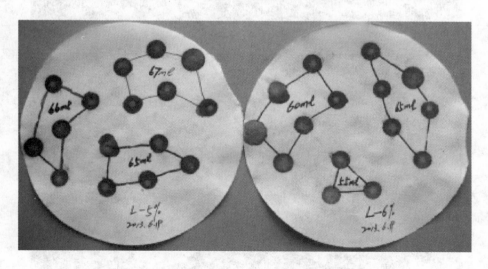

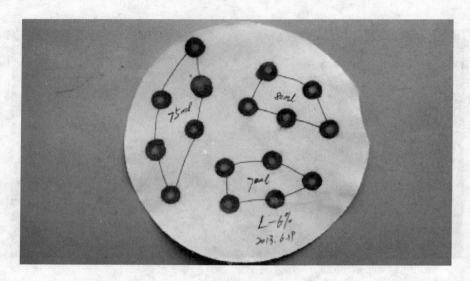

　　样品 M：西南石场 0～2.36 mm 人工砂、K14＋468 土、浙江中速定性滤纸、生产日期为 2013 年 3 月 9 日的天津亚甲蓝、自来水。

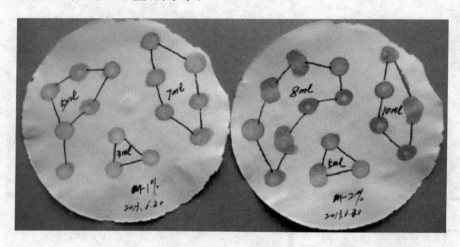

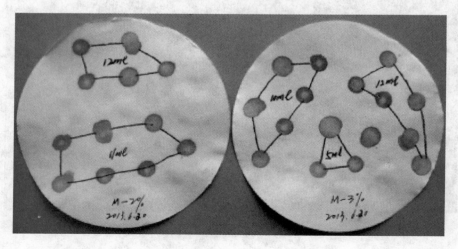

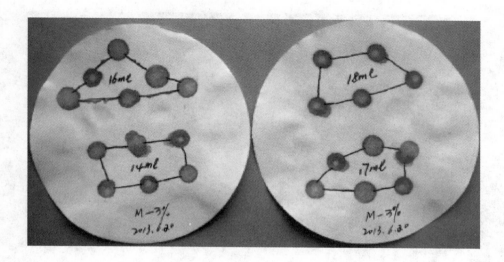

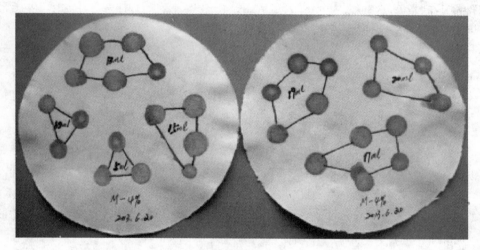

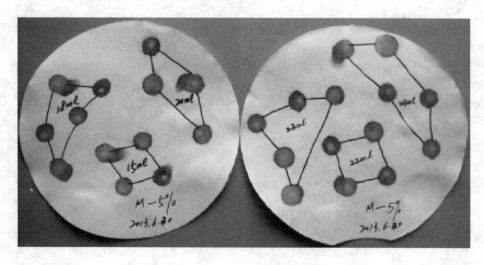

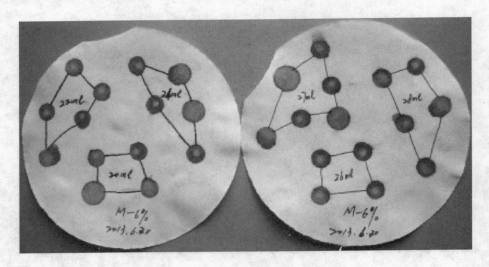

样品 N：泗梨石场 0～2.36 mm 人工砂、K14＋468 土、浙江中速定性滤纸、生产日期为 2011 年 4 月 22 日的天津亚甲蓝、自来水。

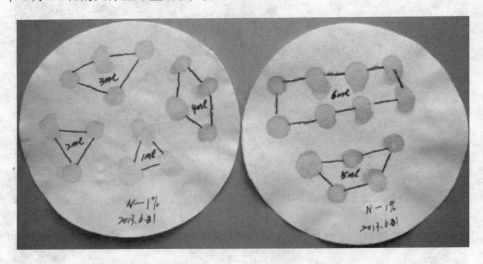

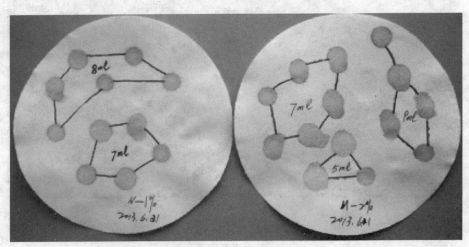

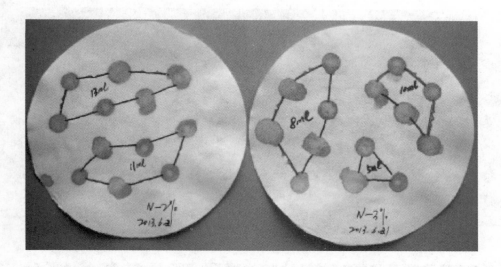

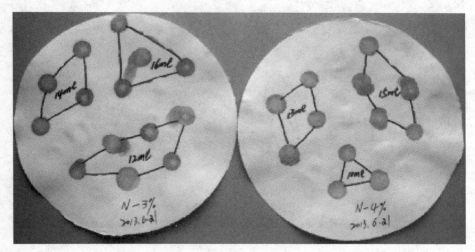

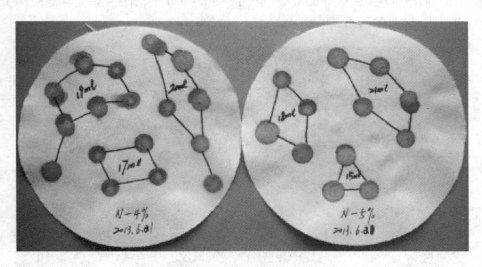

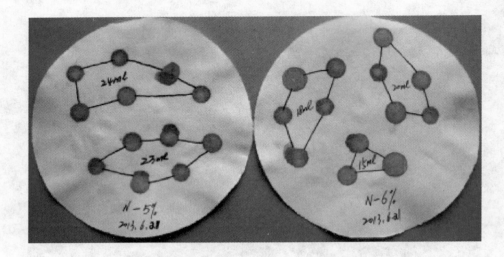

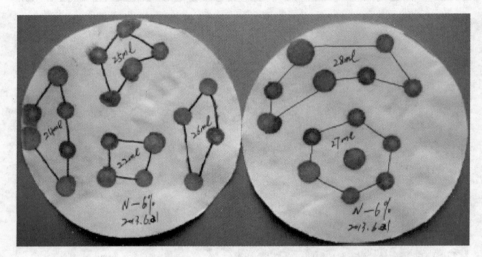

样品 E′：西南石场 0～2.36 mm 人工砂、YBK97+000 土、浙江中速定性滤纸、生产日期为 2011 年 4 月 22 日的天津亚甲蓝、自来水。

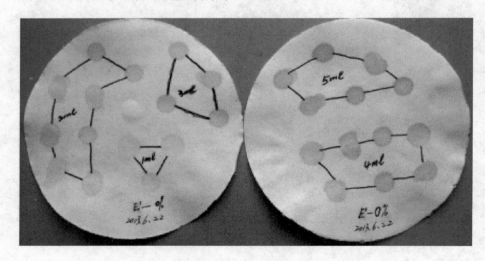

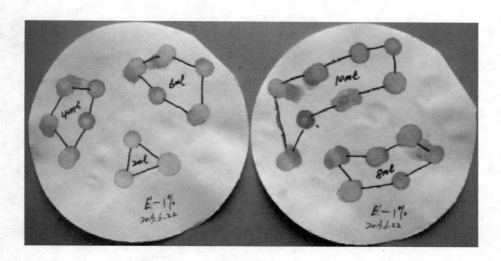

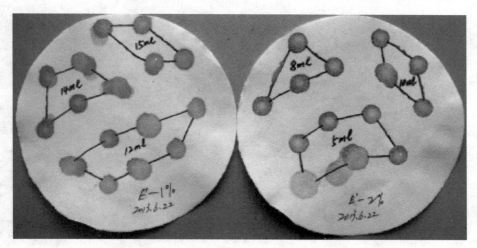

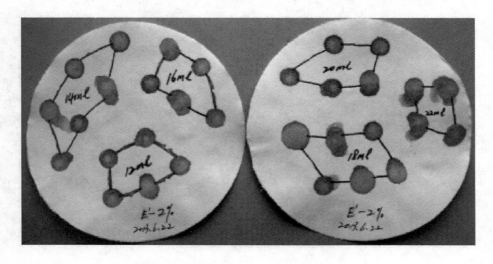

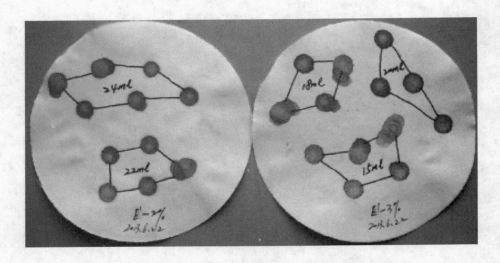

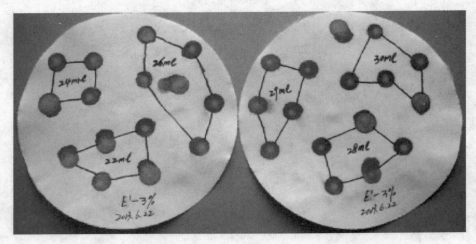

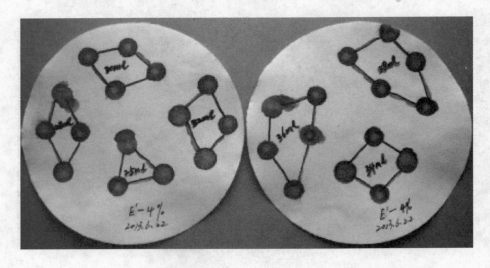

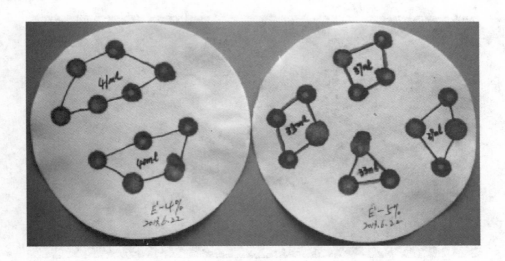

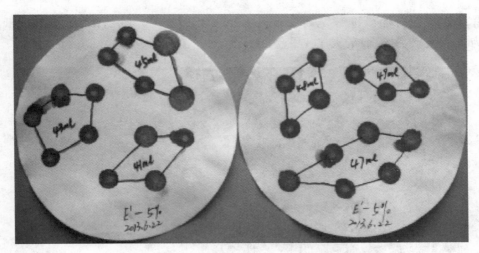

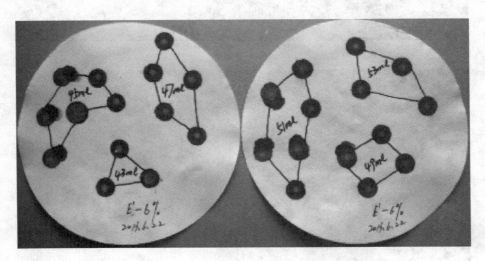

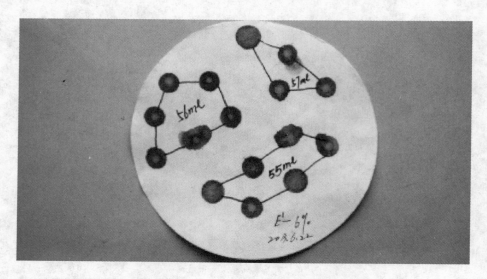

样品 AB′：三分部石场 0～2.36 mm 人工砂、YBK97＋000 土、浙江中速定性滤纸、生产日期为 2011 年 4 月 22 日的天津亚甲蓝、自来水。

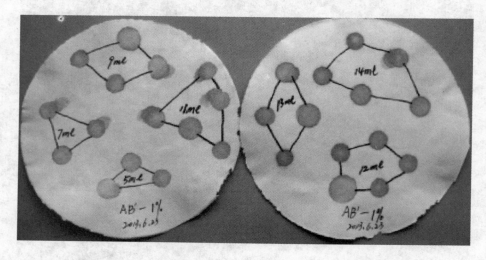

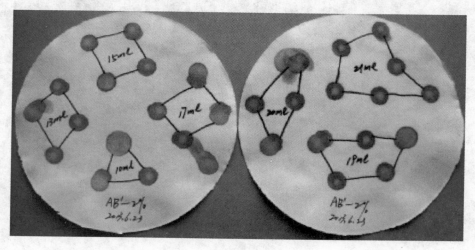

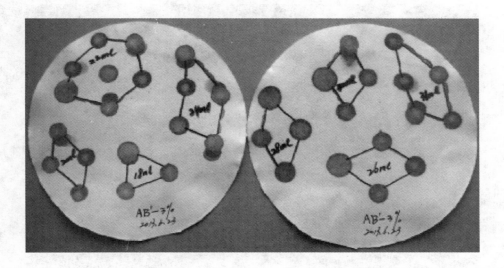

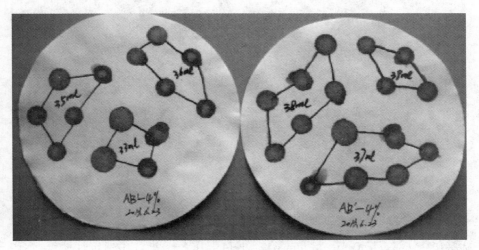

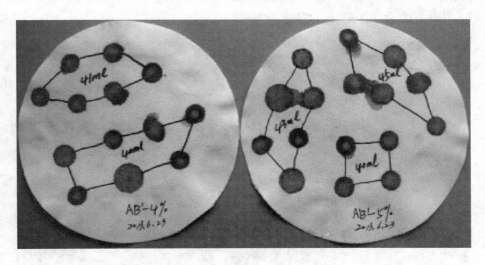

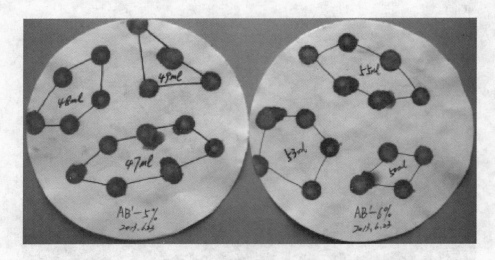

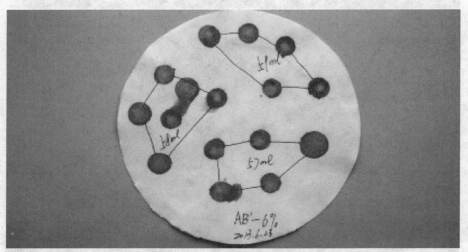

样品 O：三分部石场 0～0.15 mm 矿粉、K14＋468 土、浙江中速定性滤纸、生产日期为 2013 年 3 月 9 日的天津亚甲蓝、自来水。

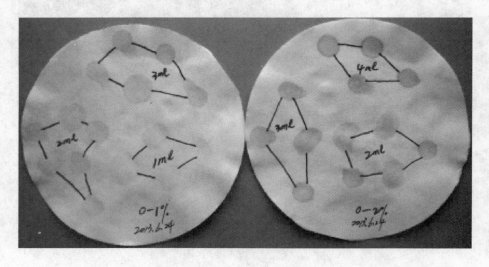

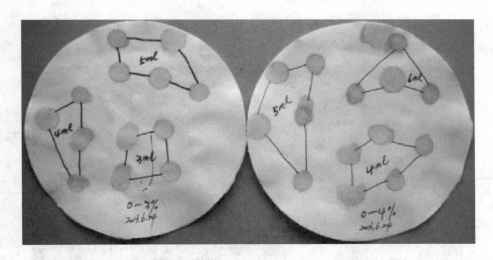

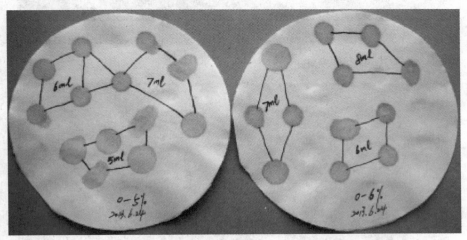

样品 P:三分部石场 0～2.36 mm 人工砂、浙江中速定性滤纸、生产日期为 2011 年 6 月
1 日的上海亚甲蓝、自来水。

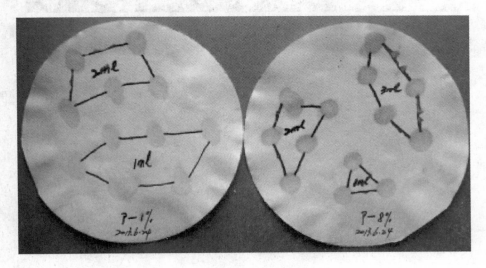

样品 P′：三分部石场 0～2.36 mm 人工砂、浙江中速定性滤纸、生产日期为 2011 年 4 月 22 日的天津亚甲蓝、自来水。

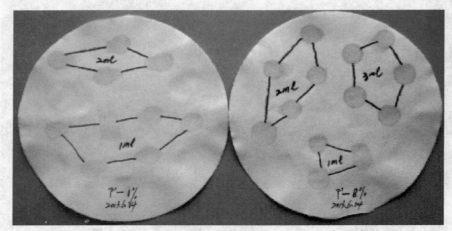

样品 Q：三分部石场 0～2.36 mm 人工砂、YBK96＋800 土、浙江中速定性滤纸、生产日期为 2013 年 3 月 9 日的天津亚甲蓝、自来水。

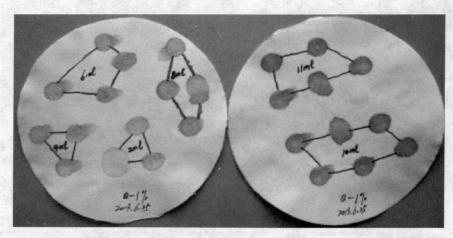

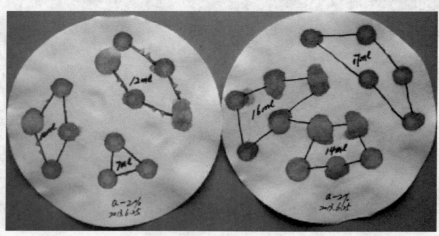

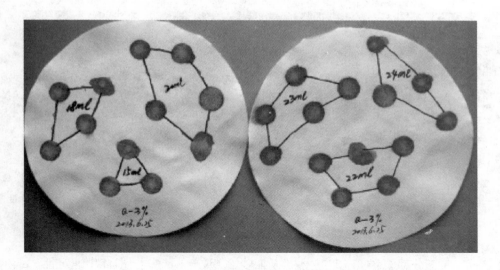

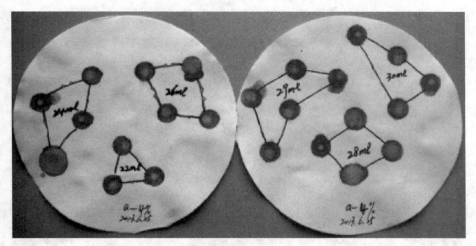

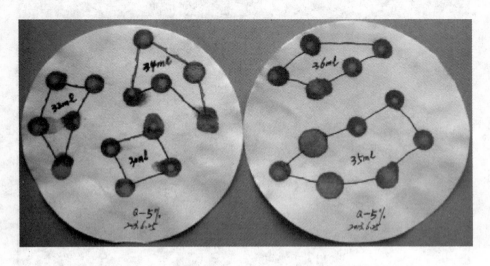

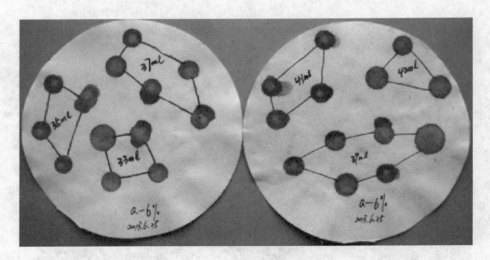

样品 Q'：三分部石场 0～2.36 mm 人工砂、YBK96＋800 土、浙江中速定性滤纸、生产日期为 2011 年 4 月 22 日的天津亚甲蓝、自来水。

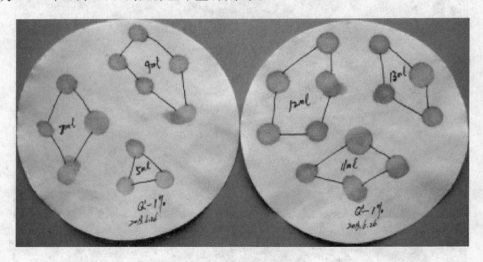

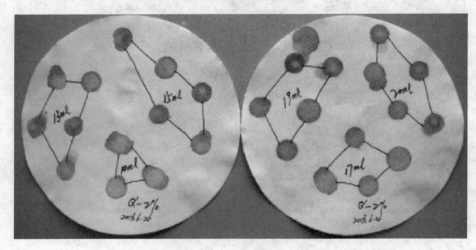

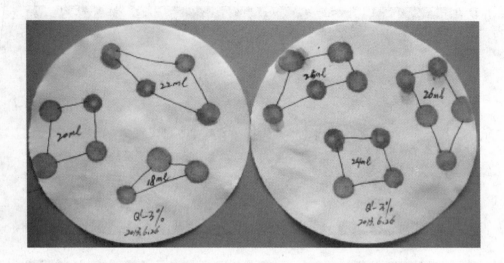

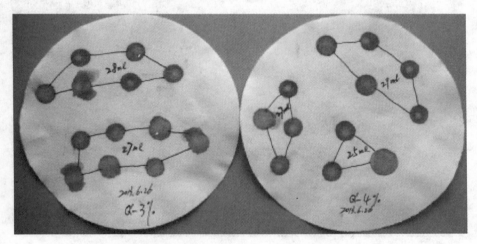

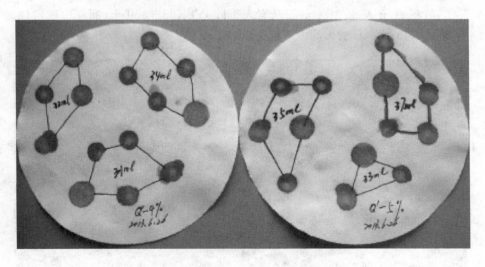

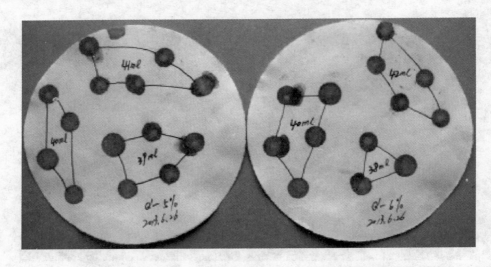

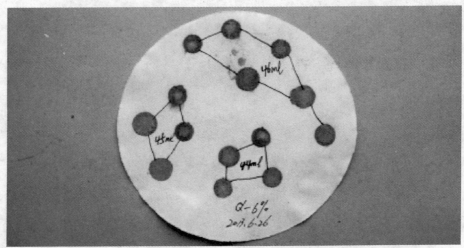

样品 R：弄猴石场 0～2.36 mm 石灰岩人工砂、YBK96＋800 土、浙江中速定性滤纸、生产日期为 2013 年 3 月 9 日的天津亚甲蓝、自来水。

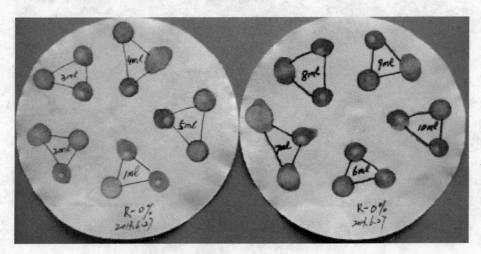

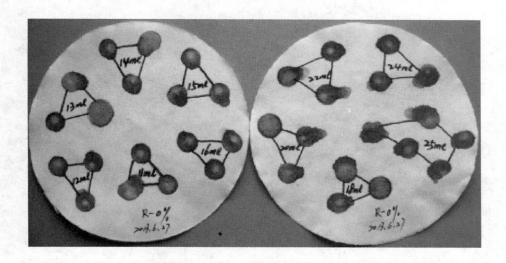

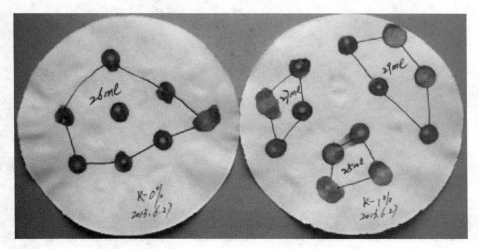

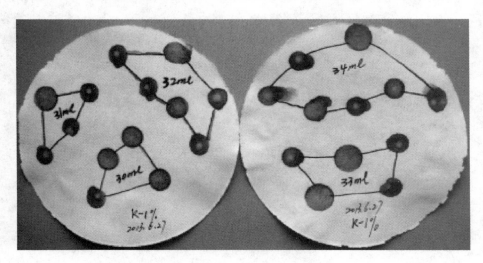

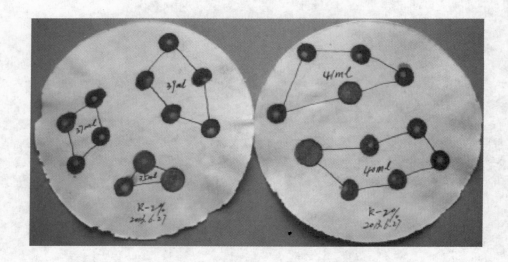

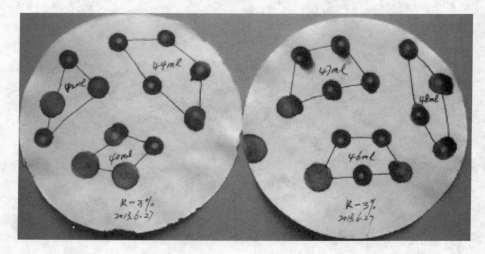

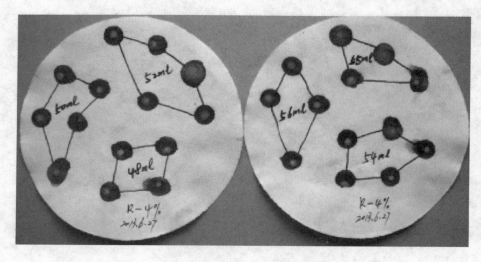

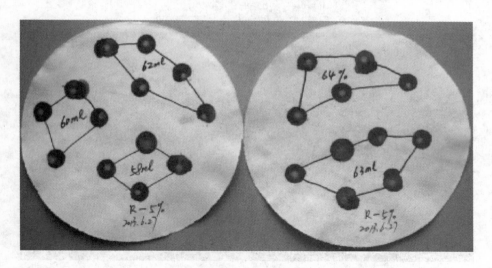

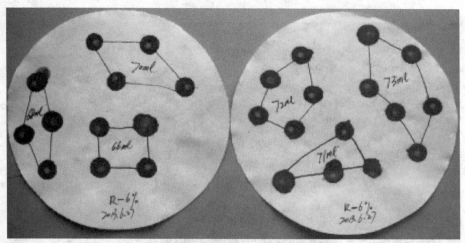

样品 S：靖西 0～2.36 mm 锰矿砂、YBK97＋000 土、浙江中速定性滤纸、生产日期为 2013 年 3 月 9 日的天津亚甲蓝、自来水。

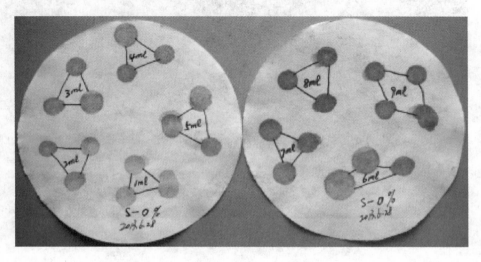

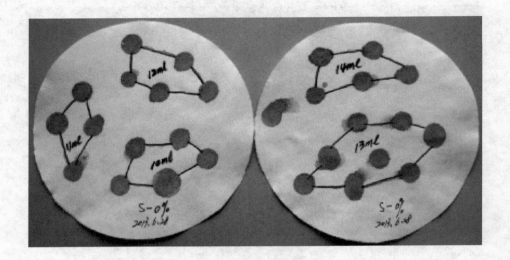

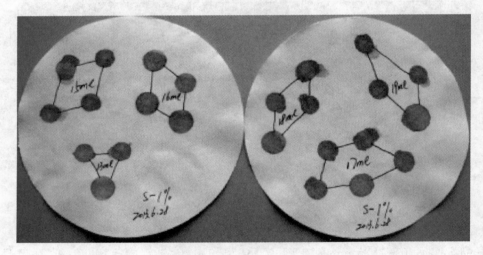

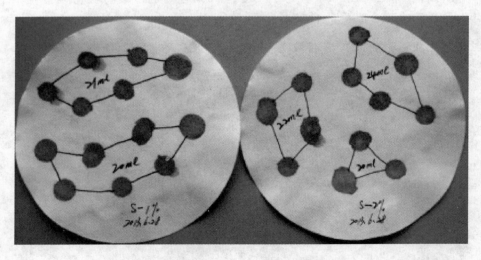

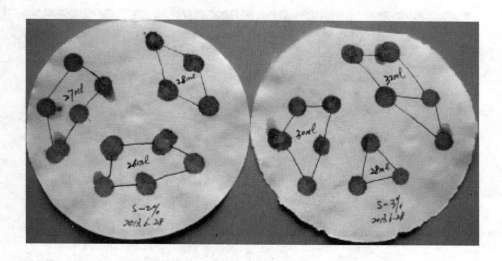

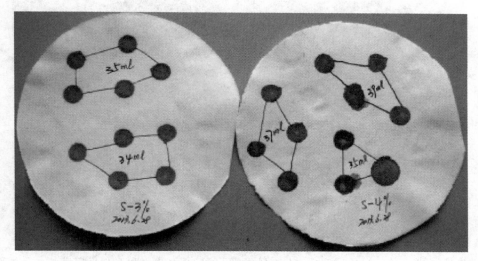

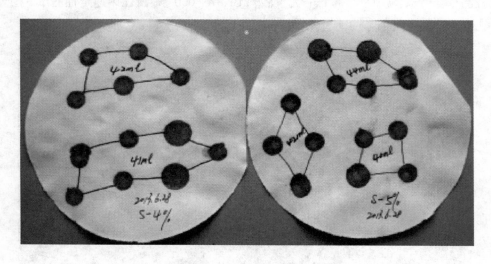

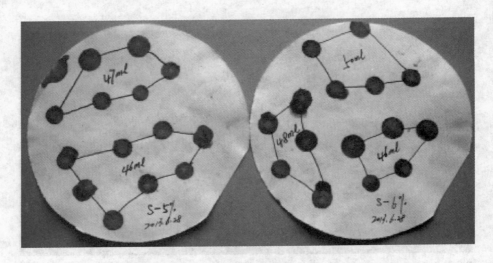

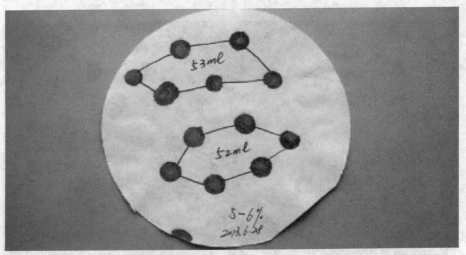

样品 T：弄猴石场 0～2.36 mm 人工砂、YBK97＋000 土、浙江中速定性滤纸、生产日期为 2011 年 4 月 22 日的天津亚甲蓝、自来水。

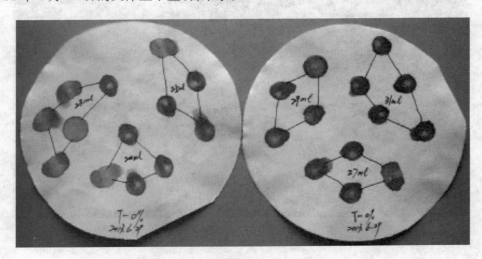

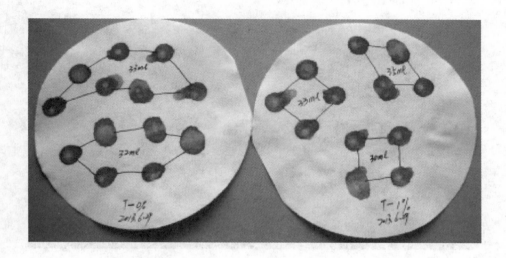

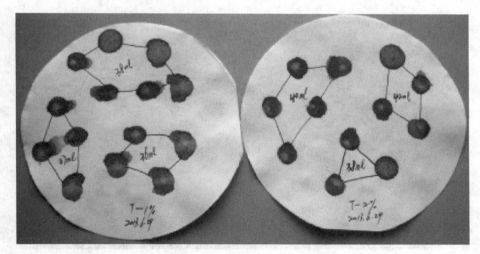

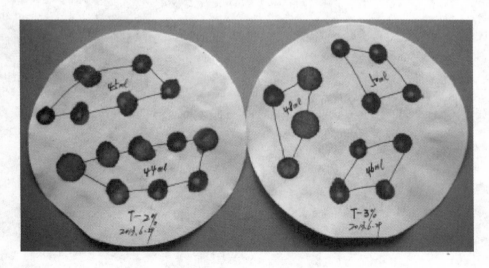

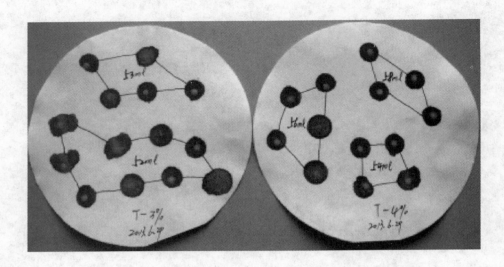

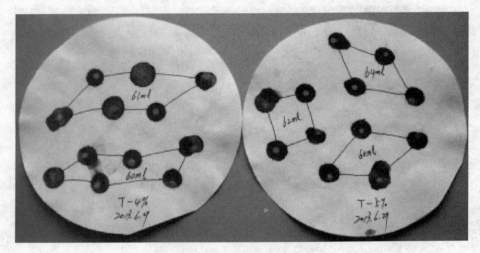

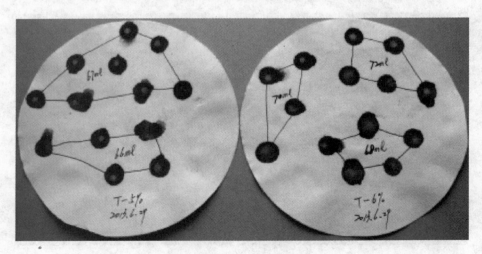

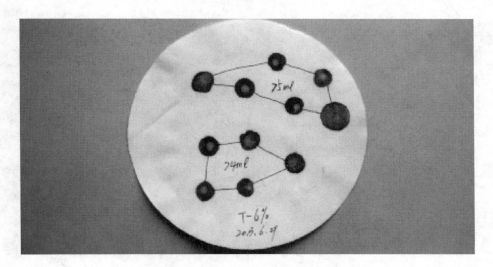

样品 U：崇左 0～2.36 mm 河砂、YBK97＋000 土、浙江中速定性滤纸、生产日期为 2013 年 3 月 9 日的天津亚甲蓝、自来水。

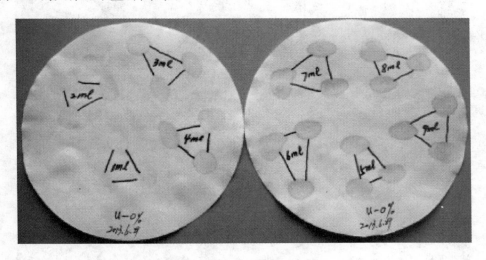

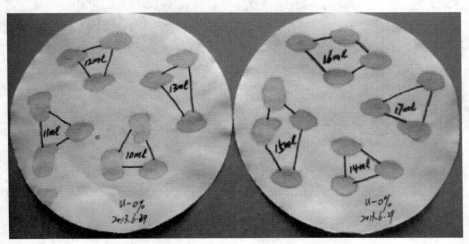

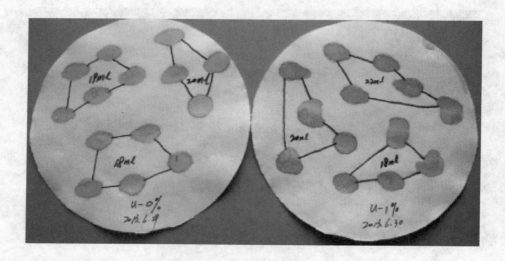

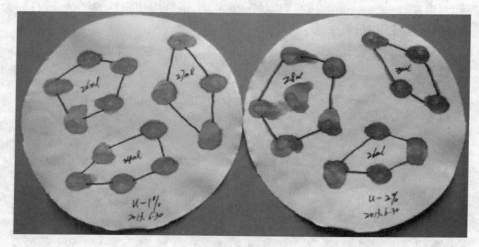

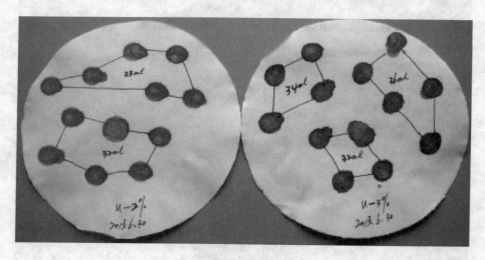

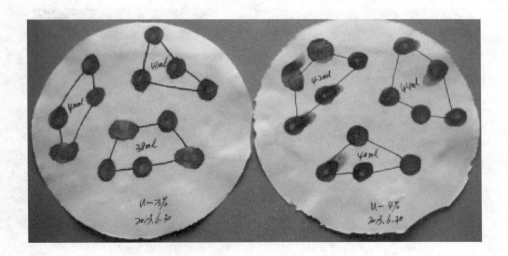

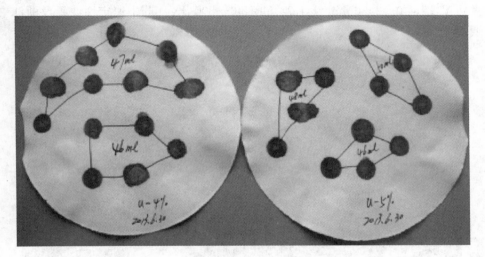

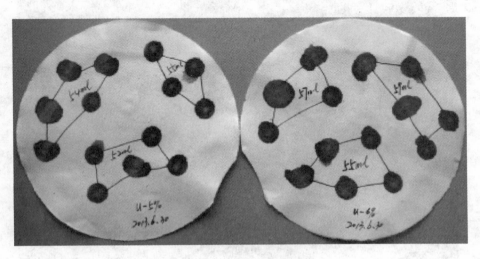

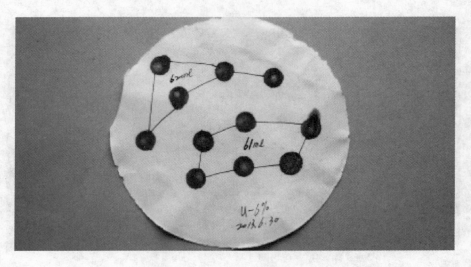

样品Ⅴ：靖西0～2.36 mm锰矿砂、YBK96＋800土、江苏中速定性滤纸及浙江中速定性滤纸、生产日期为2013年3月9日的天津亚甲蓝、自来水。

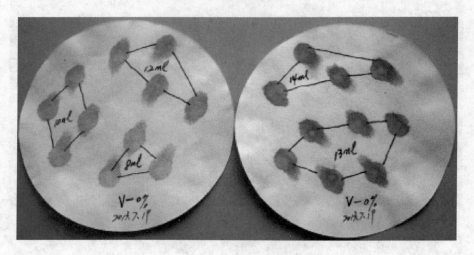

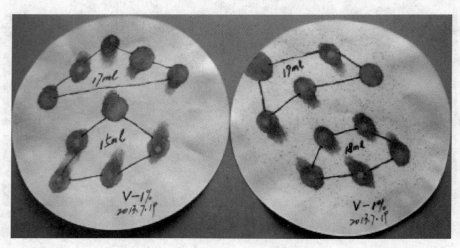

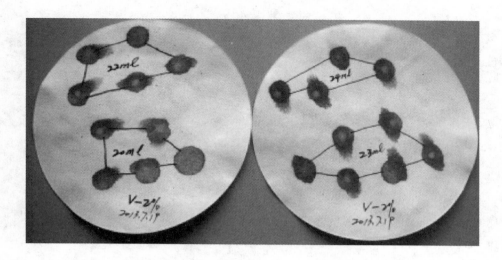

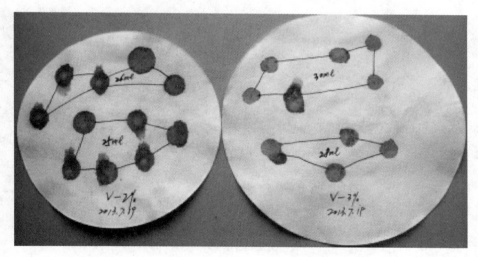

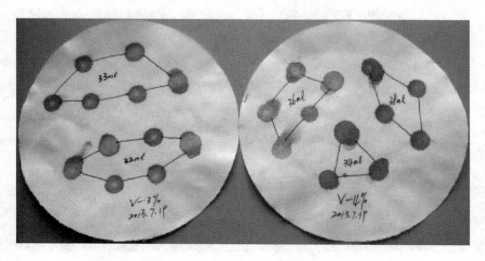

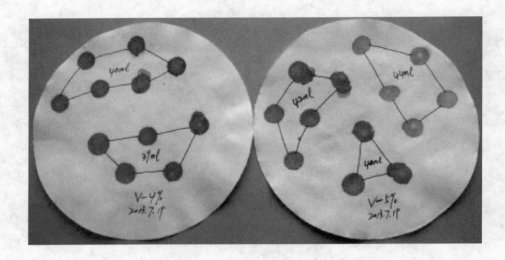

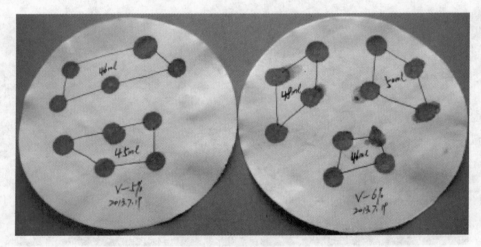

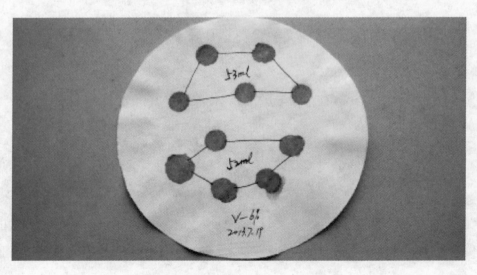

样品 W：三分部石场 0～2.36 mm 人工砂、YBK97＋000 土、辽宁中速定量滤纸、生产日期为 2013 年 3 月 9 日的天津亚甲蓝、自来水。

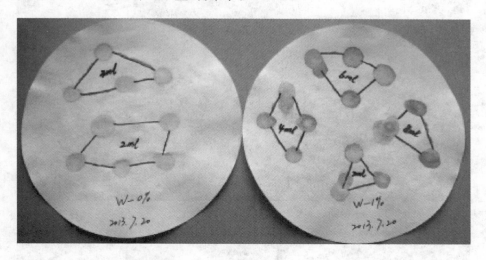

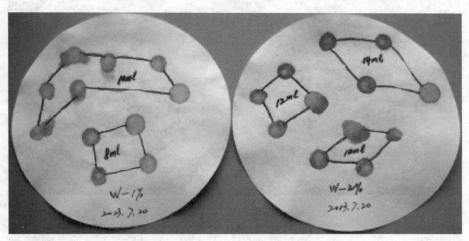

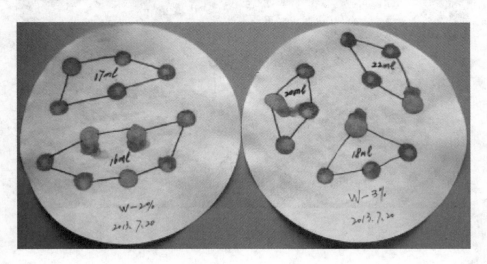

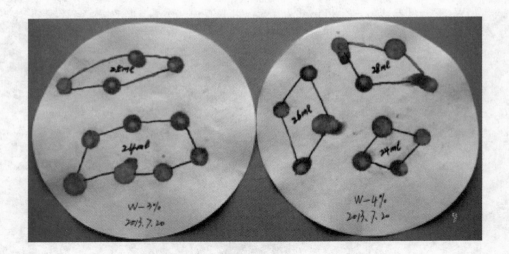

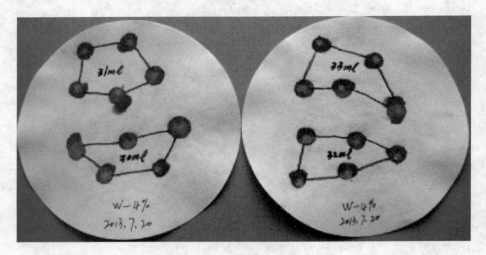

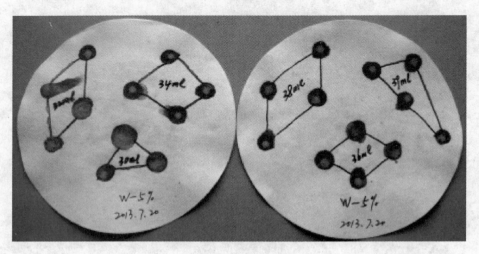

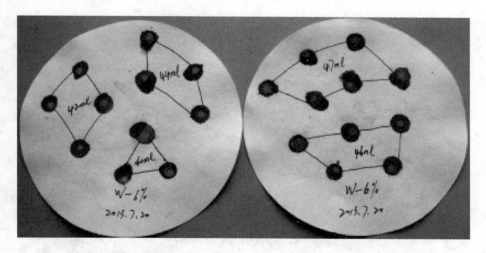

　　样品 X：三分部石场 0～2.36 mm 人工砂、YBK97＋000 土、辽宁中速定量滤纸、生产日期为 2013 年 3 月 9 日的天津亚甲蓝、桶装水。

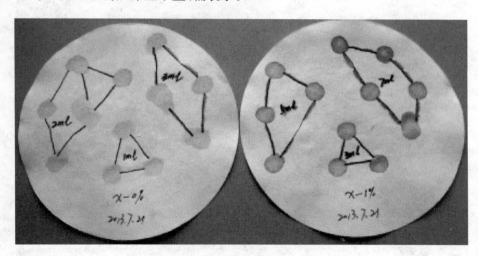

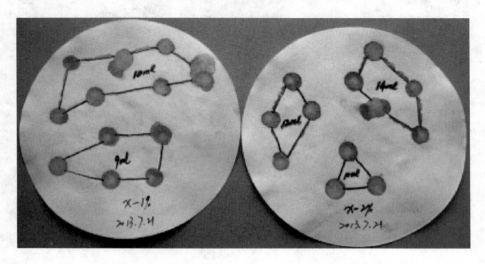

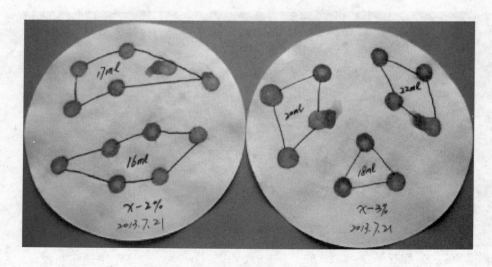

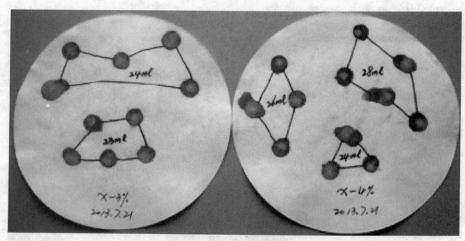

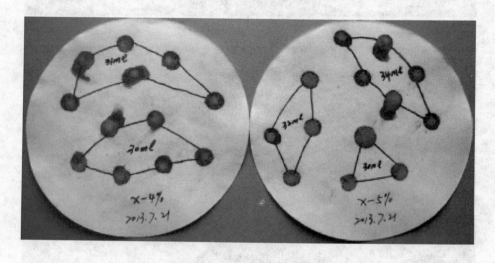

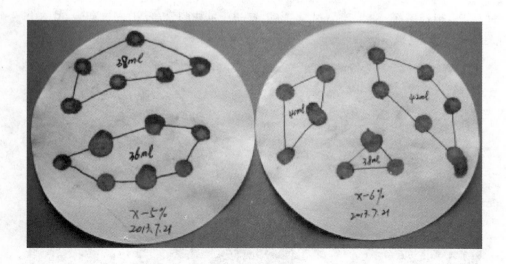

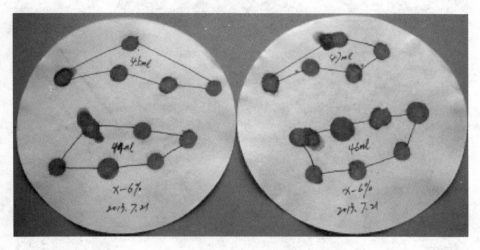

样品 P_1：泗梨石场 0～2.36 mm 人工砂、辽宁中速定量滤纸、生产日期为 2013 年 3 月 9 日的天津亚甲蓝、自来水。

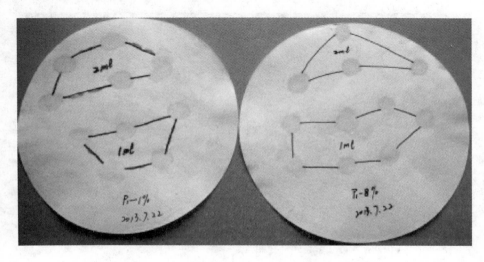

样品 P_2：枢纽石场 0～2.36 mm 人工砂、辽宁中速定量滤纸、生产日期为 2013 年 3 月 9 日的天津亚甲蓝、自来水。

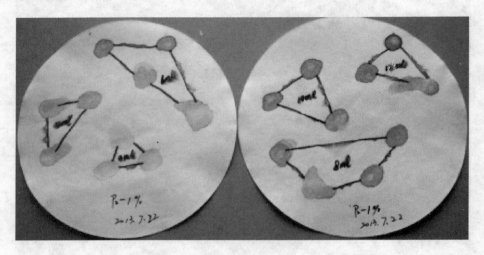

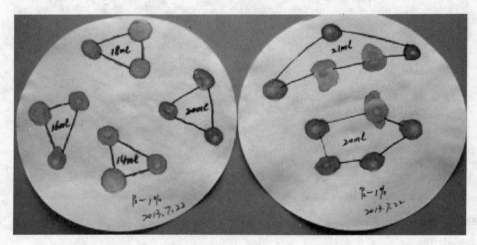

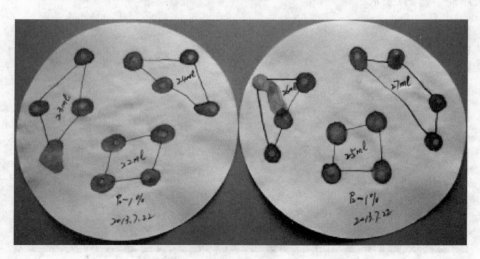

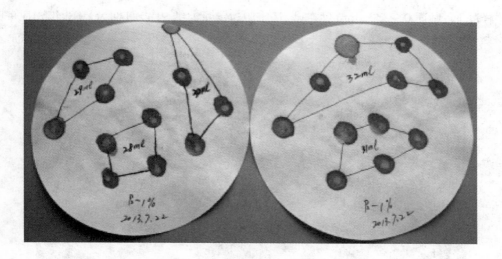

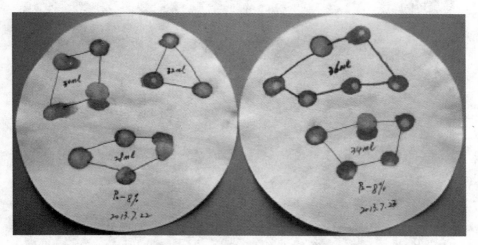

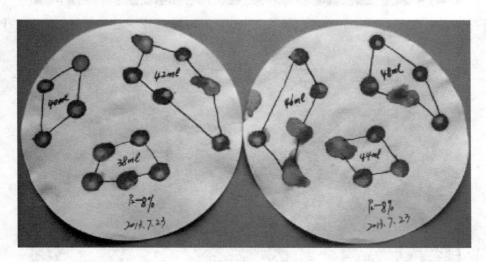

样品 P₃：靖西 0～2.36 mm 锰矿砂、辽宁中速定量滤纸、生产日期为 2013 年 3 月 9 日的天津亚甲蓝、桶装水。

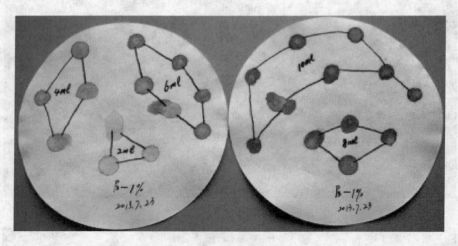

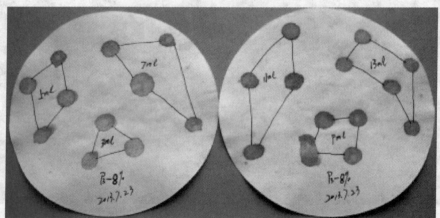

样品 Y：靖西 0～0.15 mm 锰矿粉、YBK96＋800 土、辽宁中速定量滤纸、生产日期为 2013 年 3 月 9 日的天津亚甲蓝、自来水。

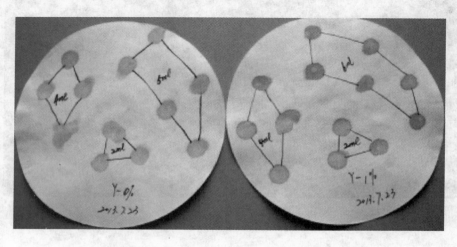

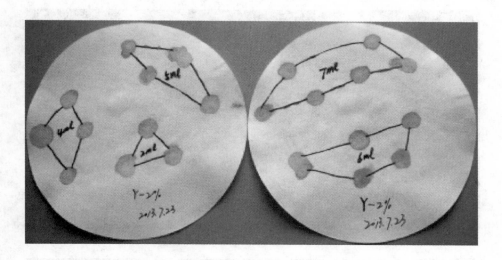

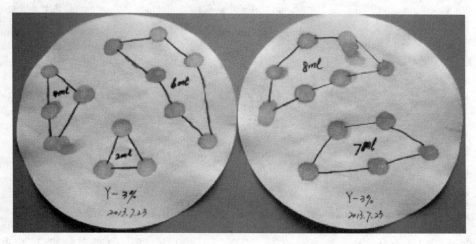

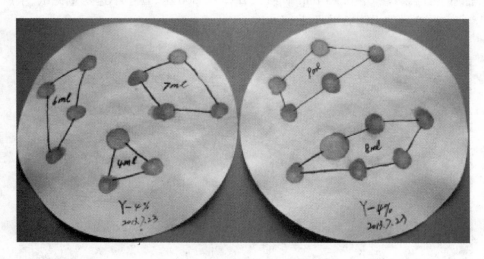

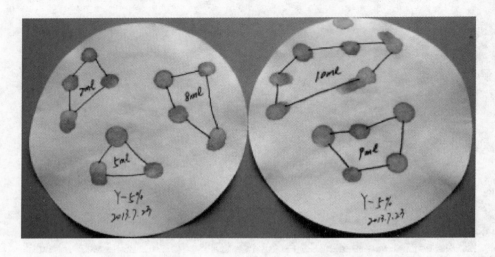

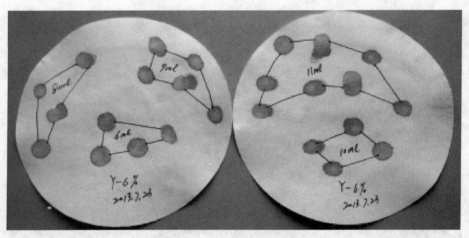

样品 Y_1：弄猴石场 0～0.15 mm 矿粉、YBK96＋800 土、辽宁中速定量滤纸、生产日期为 2013 年 3 月 9 日的天津亚甲蓝、自来水。

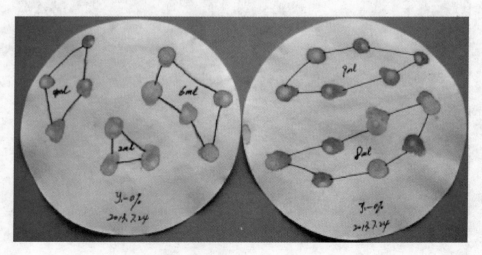

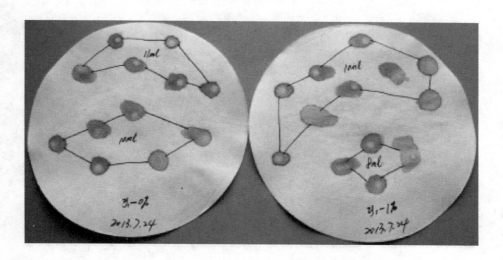

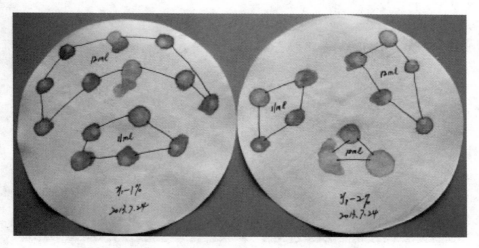

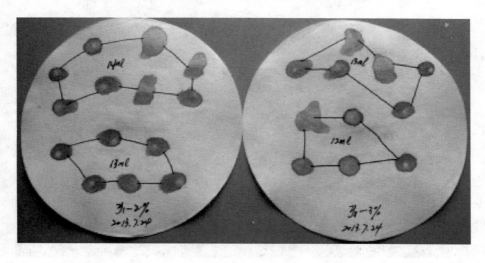

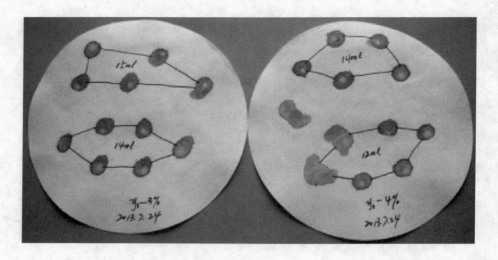

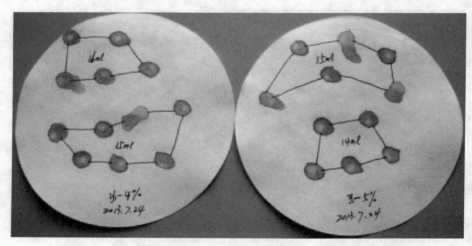

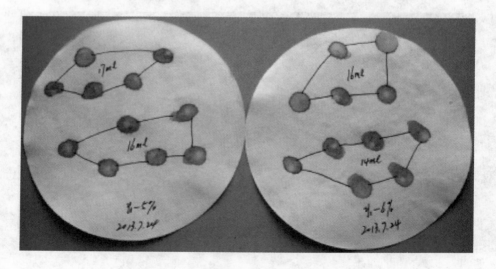

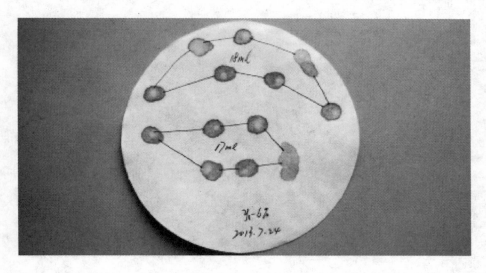

　　样品 Z：三分部石场 0～2.36 mm 人工砂、YBK97＋000 土、江苏快速定量滤纸、生产日期为 2013 年 3 月 9 日的天津亚甲蓝、蒸馏水。

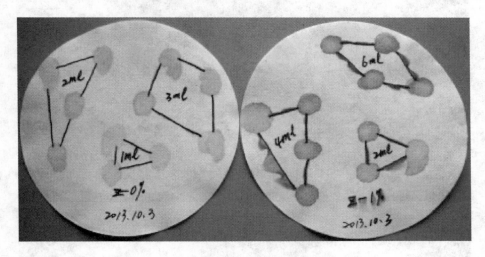

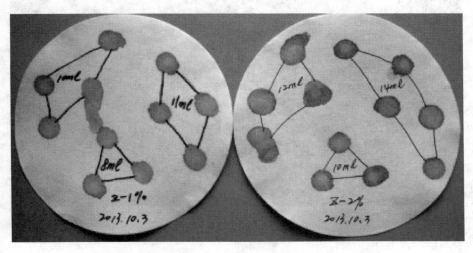

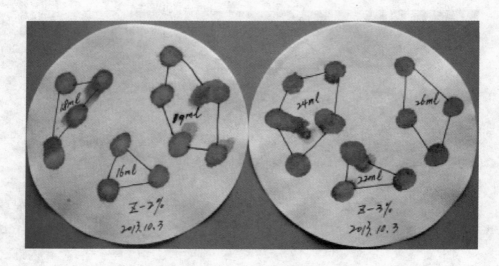

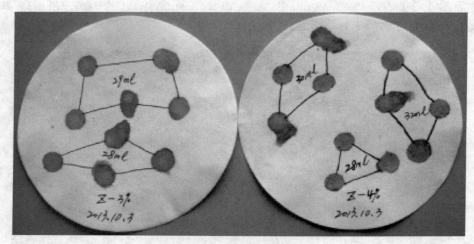

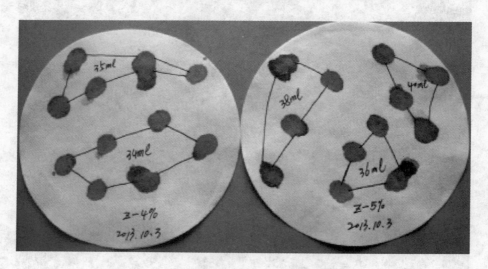

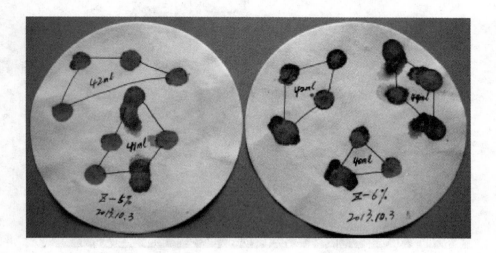

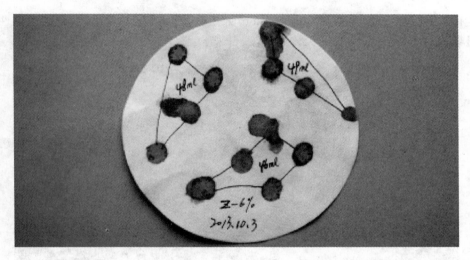

　　验证试验①：破碎河砂（及未破碎河砂）小于 0.075 mm 的颗粒（含泥量均为零）、浙江中速定性滤纸、生产日期为 2013 年 3 月 9 日的天津亚甲蓝、自来水。

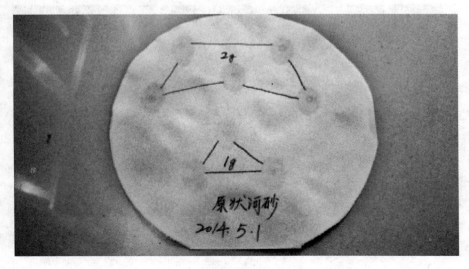

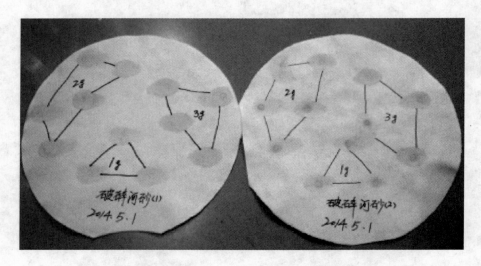

验证试验②：经三分部石场 0～2.36 mm 人工砂、YBK97＋000 土、浙江中速定性滤纸、生产日期为 2013 年 3 月 9 日的天津亚甲蓝、自来水。

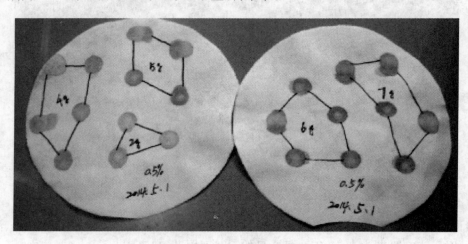

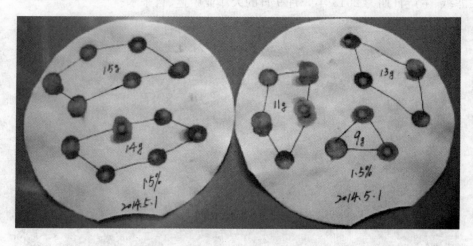

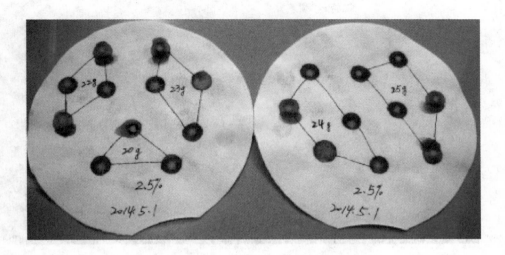

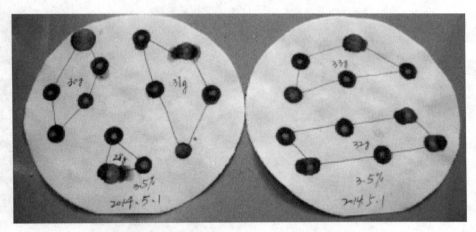

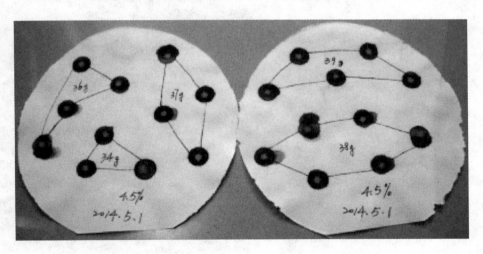

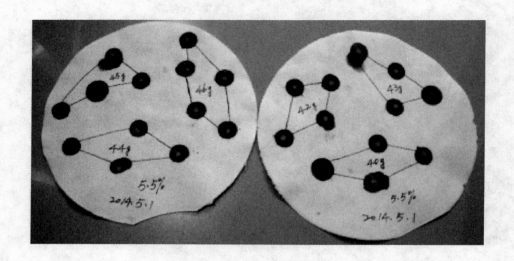

参 考 文 献

［1］中华人民共和国国家质量监督检验检疫总局,中国国家标准化管理委员会.GB/T 14684—2011　建设用砂［S］.北京:中国标准出版社,2011.

［2］中华人民共和国国家质量监督检验检疫总局.GB/T 14684—2001　建筑用砂［S］.北京:中国标准出版社,2001.

［3］中华人民共和国建设部.JGJ 52—2006　普通混凝土用砂、石质量及检验方法标准［S］.北京:中国建筑工业出版社,2007.

［4］中华人民共和国交通部.JTG E42—2005　公路工程集料试验规程［S］.北京:人民交通出版社,2012.

［5］中华人民共和国交通运输部.JTG/T F30—2014　公路水泥混凝土路面施工技术细则［S］.北京:人民交通出版社,2014.

［6］中华人民共和国交通部.JTG F30—2003　公路水泥混凝土路面施工技术规范［S］.北京:人民交通出版社,2003.

［7］中华人民共和国交通部.JTG F40—2004　公路沥青路面施工技术规范［S］.北京:人民交通出版社,2004.

［8］中华人民共和国工业和信息化部.YB/T 081—2013　冶金技术标准的数值修约与检测数值的判定［S］.北京:冶金工业出版社,2013.

［9］中华人民共和国交通部.JTG E40—2007　公路土工试验规程［S］.北京:人民交通出版社,2012.

［10］中华人民共和国交通运输部.JTG E51—2009　公路工程无机结合料稳定材料试验规程［S］.北京:人民交通出版社,2009.

［11］福建省高速公路建设总指挥部.福建省高速公路施工标准化管理指南(路基路面)［M］.北京:人民交通出版社,2010.

［12］中华人民共和国交通运输部.JT/T 819—2011　公路工程水泥混凝土用机制砂［S］.北京:人民交通出版社,2012.